DUDEN
Schülerhilfen

Textgleichungen 1

DUDEN Schülerhilfen

DEUTSCH

Aufsatz 1
2. und 3. Schuljahr

Aufsatz 2
3. und 4. Schuljahr

Aufsatz/Erzählen
5. bis 7. Schuljahr

Aufsatz/Beschreibung
7. bis 10. Schuljahr

Aufsatz/Inhaltsangabe
7. bis 9. Schuljahr

Aufsatz/Bericht
8. bis 10. Schuljahr

Aufsatz/Erörterung
8. bis 10. Schuljahr

Schreibspiele
ab 3. Schuljahr

Lesespiele
ab 3. Schuljahr

Rechtschreibung 1
2. und 3. Schuljahr

Rechtschreibung 2
3. und 4. Schuljahr

Rechtschreibung 3
4. und 5. Schuljahr

Rechtschreibung 4
5. und 6. Schuljahr

Rechtschreibung 5
7. und 8. Schuljahr

Grundwortschatz
3. und 4. Schuljahr

Schön schreiben und gestalten
2. bis 4. Schuljahr

Grammatik
4. und 5. Schuljahr

MATHEMATIK

Grundrechenarten 1
ab 2. Schuljahr

Grundrechenarten 2
ab 3. Schuljahr

Größen und Maße
ab 5. Schuljahr

Rechenspiele
ab 4. Schuljahr

Gleichungen und Ungleichungen 1
5. und 6. Schuljahr

Rechenbäume – Terme – Texte
5. und 6. Schuljahr

Lösen von Sachaufgaben
5. und 6. Schuljahr

Flächen und ihre Berechnung 1
5. bis 8. Schuljahr

Körper und ihre Berechnung 1
5. bis 8. Schuljahr

Dezimalbrüche
6. Schuljahr

Teiler und Vielfache
6. Schuljahr

Brüche
6. und 7. Schuljahr

Dreisatz, Prozente, Zinsen
6. bis 8. Schuljahr

Aufbau des Zahlensystems, vollständige Induktion
ab 7. Schuljahr

Gleichungen und Ungleichungen 2
7. und 8. Schuljahr

Dreieckskonstruktionen
7. und 8. Schuljahr

Viereckskonstruktionen
7. und 8. Schuljahr

Bruchgleichungen und Bruchungleichungen
8. Schuljahr

Textgleichungen 1
8. Schuljahr

Gleichungen mit zwei Unbekannten
8. und 9. Schuljahr

Textgleichungen 2
9. Schuljahr

Quadratische Gleichungen und Ungleichungen
9. Schuljahr

Wurzeln und Potenzen
9. und 10. Schuljahr

Flächen und ihre Berechnung 2
9. und 10. Schuljahr

Körper und ihre Berechnung 2
9. und 10. Schuljahr

Trigonometrie
10. Schuljahr

Logarithmen und Exponentialgleichungen
10. Schuljahr

CHEMIE

Grundlagen der Chemie
8. bis 10. Schuljahr

Weitere Bände sind in Vorbereitung

DUDEN
Schülerhilfen

Textgleichungen 1

Mathematische Umsetzung und Lösungswege

von Hans Borucki
mit Illustrationen
von Detlef Surrey

DUDENVERLAG
Mannheim · Leipzig · Wien · Zürich

Die Deutsche Bibliothek – CIP-Einheitsaufnahme
Duden-Schülerhilfen
Mannheim; Leipzig; Wien; Zürich: Dudenverl.
Früher im Verl. Bibliograph. Inst., Mannheim, Wien, Zürich
Mathematik. Textgleichungen 1. Mathematische Umsetzung
und Lösungswege / von Hans Borucki. – 2000
ISBN 3-411-70882-4

Das Wort DUDEN ist für den Verlag
Bibliographisches Institut & F. A. Brockhaus AG
als Marke geschützt.

2. Auflage
Das Werk wurde in neuer Rechtschreibung verfasst.

Redaktion: Otto Reger
Herstellung: Petra Moll
Umschlaggestaltung: Mischa Acker
Satz: particular Preprint- & Medien-Service,
Axel & Kai-Uwe Schilling GbR, Königswinter
Druck: Neue Stalling GmbH, Oldenburg
Gedruckt auf Eural Super Recyclingpapier matt gestrichen
Bindearbeit: Schöneberger Buchbinderei, Berlin
Printed in Germany
ISBN 3-411-70882-4

Liebe Schülerinnen und Schüler,

ihr wissts besser als alle anderen: Jedes Mal, wenn der Mathematiklehrer Textaufgaben ankündigt, erhebt sich ein Stöhnen unter seinen Schülern. Und wenn sich gar eine derartige Aufgabe in einer Klassen- oder Prüfungsarbeit findet, dann macht sich Panikstimmung breit. Gleichungen zu lösen, das hat man gelernt und das beherrscht man (hoffentlich) auch einigermaßen.* Aber aus dem Text heraus erst einmal eine Gleichung aufzustellen, das bereitet immer wieder große Schwierigkeiten und muss deshalb geübt werden.
Dafür bietet diese Schülerhilfe rund 200 Aufgaben von der Art, wie sie in den heute verwendeten Schulbüchern enthalten sind. Mehr als ein Fünftel davon sind vollständig gelöst. Die Bearbeitung dieser Aufgaben ist einheitlich nach dem folgenden Schema gegliedert:

1. vorläufige Antwort,
2. Bestimmungsgleichung,
3. Antwortsatz,
4. Probe am Text.

In der „vorläufigen Antwort" wird festgelegt, was man unter der Unbekannten x verstehen will. Die „Bestimmungsgleichung" stellt die eigentliche mathematische Umsetzung des Textes dar. In ihr wird der Text der Aufgabe in eine mathematische Form gebracht, deren weitere Bearbeitung dann weitgehend rein formal erfolgt. Der „Antwortsatz" sollte jede Textgleichung abschließen. Er ergibt sich, wenn man in der vorläufigen Antwort den Platzhalter x durch den errechneten Wert ersetzt. Die „Probe" muss unbedingt „am Text" erfolgen. Nur so kann man auch solche Fehler erkennen, die sich schon bei der Aufstellung der Bestimmungsgleichung eingeschlichen haben. Einige der nicht gelösten Aufgaben sind mit einem kurzen Lösungshinweis versehen. In jedem Fall solltet ihr aber immer erst versuchen, möglichst ohne diese Hinweise auszukommen.

* Falls ihr beim Lösen von Gleichungen unsicher seid, können euch die Bände „Gleichungen und Ungleichungen 1" sowie „Gleichungen und Ungleichungen 2" der Duden-Schülerhilfen weiterhelfen.

Vorwort

Um euch die Orientierung zu erleichtern, sind kleine optische Hilfen eingebaut. Besonders gekennzeichnet sind auf diese Weise

Beispiele, ⟶ 

Übungsaufgaben ⟶ 

und **Lösungen.** ⟶ 

Die Lösungen der Aufgaben findet ihr auf den Seiten 101 bis 111.

Ich wünsche euch viel Stehvermögen beim Knacken der Aufgaben. Ihr werdet sehen, Schritt für Schritt kommt ihr voran und mit jeder selbstständig gelösten Aufgabe wächst euer mathematisches Selbstvertrauen.

Hans Borucki

Mellrichstadt, im Frühjahr 2000

Inhaltsverzeichnis

Inhaltsverzeichnis

9. Kapitel

10. Kapitel

Kapitel 1

Grundlegendes zu Gleichungen (Auffrischung)

Gleichungen sind Steckbriefe für Zahlen.

Die Gleichung		
$5 + x = 17$	$3 \cdot x = 36$	$x : 4 = 3$
ist der Steckbrief für diejenige Zahl,		
die man zu 5 addieren muss, um 17 zu erhalten.	deren 3faches 36 ist.	deren 4. Teil 3 ist.

Diejenige Menge, unter deren Elementen man sich auf die Suche nach der im Steckbrief beschriebenen Zahl macht, bezeichnet man als **Grundmenge.** Wenn nicht ausdrücklich etwas anderes angegeben wird, dann soll im Folgenden stets die Menge der rationalen Zahlen die Grundmenge sein.
Diejenigen Zahlen aus der Grundmenge, auf die der Steckbrief zutrifft, fasst man zur **Lösungsmenge** zusammen. Sehr oft enthält die Lösungsmenge nur ein einziges Element.

1 Grundlegendes zu Gleichungen

Die einfachste Gleichung hat die Form

$$x = 12$$

Ihre Lösungsmenge ($\mathbb{L}$) kann man unmittelbar ablesen:

$$\mathbb{L} = \{12\}$$

Alle anderen Gleichungen muss man durch geeignetes Umformen auf eine solche Form bringen.
Geeignet ist eine Umformung dann, wenn sich dabei nur die Formulierung des Steckbriefs ändert, nicht aber die Zahl, auf die er sich bezieht.
Mathematisch ausgedrückt: Bei jeder Umformung einer Gleichung muss man darauf achten, dass die gesuchte Zahl bzw. die gesuchten Zahlen dieselben bleiben, dass sich also die Lösungsmenge nicht ändert.
Solche Umformungen bezeichnet man als Äquivalenzumformungen.

Äquivalenzumformungen sind:

1 Addition derselben Zahl auf beiden Seiten der Gleichung

$$\begin{aligned} x - 3 &= 5 \quad \| +3 \\ x - 3 + 3 &= 5 + 3 \\ x &= 8 \\ \mathbb{L} &= \{8\} \end{aligned}$$

2 Subtraktion derselben Zahl auf beiden Seiten der Gleichung

$$\begin{aligned} x + 5 &= 7 \quad \| -5 \\ x + 5 - 5 &= 7 - 5 \\ x &= 2 \\ \mathbb{L} &= \{2\} \end{aligned}$$

3 Multiplikation beider Seiten der Gleichung mit derselben von null verschiedenen Zahl

$$\begin{aligned} \frac{x}{4} &= 8 \qquad \| \cdot 4 \\ \frac{x}{4} \cdot 4 &= 8 \cdot 4 \\ x &= 32 \\ \mathbb{L} &= \{32\} \end{aligned}$$

4 Division beider Seiten der Gleichung durch dieselbe von null verschiedene Zahl

$$\begin{aligned} 3 \cdot x &= 18 \qquad \| :3 \\ (3 \cdot x):3 &= 18:3 \\ x &= 6 \\ \mathbb{L} &= \{6\} \end{aligned}$$

In der Regel muss man mehrere dieser äquivalenten Umformungen vornehmen, um die gegebene Gleichung in die erstrebte Form „x = ...“ zu bringen.

Beispiele

- $$\begin{aligned} 3x + 7 &= 19 \qquad \| -7 \\ 3x + 7 - 7 &= 19 - 7 \\ 3x &= 12 \qquad \| :3 \\ 3x:3 &= 12:3 \\ x &= 4 \\ \mathbb{L} &= \{4\} \end{aligned}$$

- $$\begin{aligned} 7x - 5 &= 3x + 17 \qquad \| +5 \\ 7x - 5 + 5 &= 3x + 17 + 5 \\ 7x &= 3x + 22 \qquad \| -3x \\ 7x - 3x &= 3x + 22 - 3x \\ 4x &= 22 \qquad \| :4 \\ 4x:4 &= 22:4 \\ x &= 5\tfrac{1}{2} \\ \mathbb{L} &= \{5\tfrac{1}{2}\} \end{aligned}$$

1 Grundlegendes zu Gleichungen

1 Bestimme ebenso die Lösungsmengen der folgenden Gleichungen:

a) $12\,x - 9 = 4\,x + 15$; **b)** $8 + 10\,x = 16 + 2\,x$;
c) $27 - 3\,x = 12 + 2\,x$; **d)** $191 + 7\,x = 628 - 12\,x$;
e) $55 - 12\,x = 123 - 28\,x$.

Häufig muss man als ersten Schritt zur Bestimmung der Lösungsmenge die beiden Seiten der gegebenen Gleichung zusammenfassen.

Beispiele

- $$\begin{aligned} (2x+7)-(3x-3) &= (5x+4)\cdot 3 \\ 2x+7-3x+3 &= 15x+12 \\ 10-x &= 15x+12 && \| -12 \\ 10-x-12 &= 15x+12-12 \\ -x-2 &= 15x && \| +x \\ -x-2+x &= 15x+x \\ -2 &= 16x && \| :16 \\ -2:16 &= 16x:16 \\ -\tfrac{1}{8} &= x \\ \mathbb{L} &= \left\{-\tfrac{1}{8}\right\} \end{aligned}$$

- $$\begin{aligned} (x+2)(x-2)+3(2x+5) &= (x+3)^2-2(3x-22) \\ x^2-4+6x+15 &= x^2+6x+9-6x+44 \\ x^2+6x+11 &= x^2+53 && \| -x^2 \\ 6x+11 &= 53 && \| -11 \\ 6x &= 42 && \| :6 \\ x &= 7 \\ \mathbb{L} &= \{7\} \end{aligned}$$

2 Bestimme ebenso die Lösungsmengen der folgenden Gleichungen:

a) $(x + 15)\,(x - 15) = (x - 25)^2$;
b) $6x(x + 5) + 2(x - 3)^2 - 3(x + 4)^2 = 5x^2 - 102$;
c) $(x + 6)^2 - (x + 8)^2 + 84 = (x - 9)^2 - (x + 5)^2$;

d) $(x + 5)^2 + (2x + 1)^2 = (5x - 5)(x + 2)$;
e) $(5x - 3)(5x + 3) - 5(5x - 1)(2 + x) = 4(3 - 11x)$.

Störende Brüche oder Bruchterme kann man beseitigen, indem man beide Seiten der Gleichung mit dem Hauptnenner multipliziert.

Beispiele

- $$\frac{x}{3}+\frac{x}{4}-\frac{x}{6}-8=\frac{3}{8}x+4 \qquad \| \cdot 24$$

$$\frac{\overset{8}{\cancel{24}}\cdot x}{\underset{1}{\cancel{3}}}+\frac{\overset{6}{\cancel{24}}\cdot x}{\underset{1}{\cancel{4}}}-\frac{\overset{4}{\cancel{24}}\cdot x}{\underset{1}{\cancel{6}}}-24\cdot 8=\frac{\overset{3}{\cancel{24}}\cdot 3}{\underset{1}{\cancel{8}}}x+24\cdot 4$$

$$8x+6x-4x-192=9x+96$$

$$10x-192=9x+96 \qquad \| -9x+192$$

$$x=288$$

$$\mathbb{L}=\{288\}$$

- $$\frac{7+x}{3+x}=\frac{51-x}{47-x} \qquad \| \cdot(3+x)\cdot(47-x)$$

$$\frac{(7+x)\cancel{(3+x)}(47-x)}{\cancel{3+x}}=\frac{(51-x)(3+x)\cancel{(47-x)}}{\cancel{47-x}}$$

$$(7+x)(47-x)=(51-x)(3+x)$$

$$329+40x-x^2=153+48x-x^2 \qquad \| +x^2$$

$$329+40x=153+48x \qquad \| -40x-153$$

$$176=8x \qquad \| :8$$

$$22=x$$

$$\mathbb{L}=\{22\}$$

3 Bestimme ebenso die Lösungsmengen der folgenden Gleichungen:

a) $\frac{x}{8}+\frac{x}{6}+\frac{x}{3}+\frac{x}{12}+21=x$;

b) $\frac{2}{3}x+\frac{3}{16}x+\frac{5}{72}x=x-22$;

c) $\frac{x+9}{x+16} = \frac{13+x}{22+x}$;

d) $\frac{x+2}{x-3} = \frac{6+x}{x-4}$;

e) $\frac{7x-60}{x-10} = 6 + \frac{x+24}{x+2}$.

Wenn du bei der Bearbeitung der Aufgaben 1 bis 3 Schwierigkeiten hattest, dann musst du zunächst deine Kenntnisse über Gleichungen auffrischen. Die Titel Gleichungen und Ungleichungen 1 bzw. 2 der Duden-Schülerhilfen könnten dir z. B. weiterhelfen. Erst danach kannst du dich an die folgenden Textgleichungen heranwagen.

Kapitel 2

Zahlenrätsel

Die Summe dreier aufeinander folgender natürlicher Zahlen ist 336. Wie heißen diese drei Zahlen?

1. Vorläufige Antwort:

Wenn man die kleinste der drei Zahlen mit x bezeichnet, dann muss man für die beiden anderen x + 1 und x + 2 schreiben.

Die gesuchten Zahlen sind x, x + 1 und x + 2.

2. Bestimmungsgleichung:

Die Summe der drei gesuchten Zahlen ist x + (x + 1) + (x + 2); sie ist gleich 336.

$$\begin{aligned} x+(x+1)+(x+2) &= 336 \\ 3x+3 &= 336 \quad \| -3 \\ 3x &= 333 \quad \| :3 \\ x &= 111 \end{aligned}$$

3. Antwortsatz:

Die gesuchten Zahlen sind 111, 112 und 113.

4. Probe am Text:

Für die Summe der aufeinander folgenden natürlichen Zahlen 111, 112 und 113 gilt: 111 + 112 + 113 = 336.

2 Zahlenrätsel

1 Wie heißen die drei aufeinander folgenden natürlichen Zahlen, deren Summe **a)** 669; **b)** 3705; **c)** 16 668 ist?

2 Fünf aufeinander folgende natürliche Zahlen haben als Summenwert **a)** 70; **b)** 1675; **c)** 25 025. Wie heißen diese Zahlen?

Wenn man vier aufeinander folgende gerade Zahlen addiert, erhält man 348. Wie heißen die vier Zahlen?

1. Vorläufige Antwort:

Zwei aufeinander folgende gerade Zahlen unterscheiden sich um 2. Wenn man also die kleinste der vier gesuchten Zahlen mit x bezeichnet, dann muss man für die drei folgenden Zahlen $x + 2$, $x + 4$ und $x + 6$ schreiben.

Die gesuchten Zahlen sind x, $x + 2$, $x + 4$ und $x + 6$.

2. Bestimmungsgleichung:

Die Summe der vier gesuchten Zahlen ist
$x + (x + 2) + (x + 4) + (x + 6)$; sie ist gleich 348.

$$x+(x+2)+(x+4)+(x+6)=348$$
$$4x+12=348 \quad \| -12$$
$$4x=336 \quad \| :4$$
$$x=84$$

3. Antwortsatz:

Die gesuchten Zahlen sind 84, 86, 88 und 90.

4. Probe am Text:

Für die Summe der vier aufeinander folgenden geraden Zahlen 84, 86, 88 und 90 gilt: $84 + 86 + 88 + 90 = 348$.

3 Die Summe dreier aufeinander folgender gerader Zahlen ist **a)** 222; **b)** 666; **c)** 10 374. Wie heißen die drei Zahlen?

4 Addiert man fünf aufeinander folgende gerade Zahlen, so erhält man **a)** 180; **b)** 2720; **c)** 17 300. Wie heißen die fünf Zahlen?

5 Die Summe von vier aufeinander folgenden ungeraden Zahlen ist **a)** 88; **b)** 1672; **c)** 6968. Wie heißen die vier Zahlen?

6 Addiert man fünf aufeinander folgende ungerade Zahlen, so erhält man **a)** 135; **b)** 1685; **c)** 50 015. Wie heißen die fünf Zahlen?

7 Die Summe dreier aufeinander folgender durch 6 teilbarer Zahlen ist 216. Wie heißen die drei Zahlen?

Anleitung: Zwei aufeinander folgende durch 6 teilbare Zahlen unterscheiden sich um 6. Bezeichnet man also die kleinste der drei Zahlen mit x, dann muss man für die beiden anderen $(x + 6)$ und $(x + 6) + 6 = x + 12$ schreiben.

8 Addiert man vier aufeinander folgende durch 11 teilbare Zahlen, so erhält man **a)** 418; **b)** 2310 **c)** 3234. Wie heißen die vier Zahlen?

9 Fünf aufeinander folgende Zahlen des „Neuner-Einmaleins" haben als Summe **a)** 405; **b)** 990; **c)** 1935. Wie heißen die Zahlen?

10 Zwei Zahlen unterscheiden sich um 15. Ihre Summe beträgt 481. Wie heißen die beiden Zahlen?

Anleitung: Wenn sich zwei Zahlen um 15 unterscheiden, dann ist die größere um 15 größer als die kleinere. Bezeichnet man also die kleinere Zahl mit x, dann muss man für die größere Zahl $x + 15$ schreiben.

11 Mit einer Mehrheit von 14 Stimmen beschloss der 32-köpfige Lehrerrat, dem bisher noch namenlosen Gymnasium des reizenden

Rhönstädtchens Mellerstadt den Namen „Rhöngymnasium“ zu geben. Es gab keine Stimmenthaltungen. Wie viele Mitglieder des Lehrerrates haben für diesen schönen und einleuchtenden Namen gestimmt, wie viele waren dagegen?

12 Bearbeite die vorhergehende Aufgabe für den Fall, dass sich vier der Mitglieder des Lehrerrates der Stimme enthalten.

13 Von vier Zahlen ist die folgende jeweils um 12 größer als die vorhergehende. Ihre Summe ist 172. Wie heißen die gesuchten vier Zahlen?

14 Wie heißen die beiden Zahlen, deren Differenz 91 und deren Summe 333 beträgt?

Die Summe dreier Zahlen ist 94. Die zweite ist um 12 größer als die erste, die dritte um 5 kleiner als die zweite. Wie heißen die drei Zahlen?

1. Vorläufige Antwort:

Bezeichnet man die erste Zahl mit x, dann muss man für die um 12 größere zweite Zahl x + 12 schreiben. Die dritte Zahl, die um 5 kleiner ist als die zweite, muss man dann mit (x + 12) – 5 bezeichnen.

Die erste Zahl heißt x, die zweite Zahl heißt x + 12, die dritte Zahl heißt (x + 12) – 5.

2. Bestimmungsgleichung:

Die Summe der drei Zahlen ist x + (x + 12) + [(x + 12)] – 5; sie ist gleich 94.

$$\begin{aligned} x+(x+12)+\left[(x+12)-5\right]&=94 & \\ 3x+19&=94 & \| -19 \\ 3x&=75 & \| :3 \\ x&=25 & \end{aligned}$$

3. Antwortsatz:

Die erste Zahl heißt 25, die zweite Zahl heißt 25 + 12 = 37, die dritte Zahl heißt 37 – 5 = 32.

4. Probe am Text:

Die zweite Zahl ist um 12 größer als die erste, denn 37 = 25 + 12. Die dritte Zahl ist um 5 kleiner als die zweite, denn 32 = 37 – 5. Für die Summe der Zahlen gilt: 25 + 37 + 32 = 94.

15 Von drei Zahlen ist die zweite doppelt so groß wie die erste. Die dritte ist so groß wie die erste und zweite zusammen. Wie heißen die drei Zahlen, wenn ihr Summenwert 102 beträgt?

16 Vier Zahlen haben als Summe 74. Die erste ist um 5 kleiner als die zweite. Die dritte ist um 12 größer als die zweite und um 7 kleiner als die vierte. Wie heißen die vier Zahlen?

17 „Wie reife Pflaumen fielen die Tore; 70 Treffer beim Pfingstturnier!“, lautete die Überschrift im Bericht des Lokalreporters über ein

Fußballturnier der Mannschaften Fortuna Kickersdorf, Ballsruher SC, FC St. Fouly und Werda BSC. Die Tore verteilten sich folgendermaßen: Der Ballsruher SC schoss 4 Tore mehr als Fortuna Kickersdorf. Der FC St. Fouly erzielte doppelt so viele Treffer wie der Ballsruher SC. Werda BSC verbuchte so viele Tore wie der Ballsruher SC und Fortuna Kickersdorf zusammen. Wie viele Tore schoss jede der vier Mannschaften während des Turniers?

Anleitung: Bezeichne die Anzahl der von Fortuna Kickersdorf geschossenen Tore mit x.

18 Ein Bauer hat achtmal so viele Rinder wie Pferde und dreieinhalbmal so viele Schafe wie Rinder. Zusammen sind es 555 Tiere. Wie viele von jeder Art hat er?

Addiert man zum 4fachen einer Zahl das 3fache der um 2 verminderten Zahl, so erhält man das 5fache der um 2 vergrößerten Zahl. Wie heißt die Zahl?

1. Vorläufige Antwort:

Die gesuchte Zahl heißt x.

2. Bestimmungsgleichung:

Das 4fache der gesuchten Zahl ist 4x. Die um 2 verminderte Zahl heißt x – 2, das 3fache davon ist 3(x – 2). Die um 2 vergrößerte Zahl heißt x + 2, das 5fache davon ist 5(x + 2).

$$\begin{aligned} 4x+3(x-2) &= 5(x+2) \\ 4x+3x-6 &= 5x+10 \\ 7x-6 &= 5x+10 \quad \| -5x+6 \\ 2x &= 16 \quad \| :2 \\ x &= 8 \end{aligned}$$

3. Antwortsatz:

Die gesuchte Zahl ist 8.

4. Probe am Text:

Das 4fache von 8 ist $4 \cdot 8 = 32$.
Das 3fache von (8 – 2) ist $3 \cdot 6 = 18$.
Das 5fache von (8 + 2) ist $5 \cdot 10 = 50$.
$32 + 18 = 50$.

19 Das um 4 vergrößerte 8fache einer Zahl ist genauso groß wie das um 10 verminderte 10fache. Wie heißt die Zahl?

20 Subtrahiert man vom 18fachen einer Zahl das 3fache der um 15 verminderten Zahl, so erhält man 390. Wie heißt die gesuchte Zahl?

21 Subtrahiert man vom 18fachen einer Zahl das um 15 verminderte 3fache dieser Zahl, so erhält man 390. Wie heißt die gesuchte Zahl?

22 Addiert man zum 7fachen einer Zahl ihr $2\frac{1}{2}$faches und dividiert das Ergebnis durch 6, so erhält man 19. Wie heißt die gesuchte Zahl?

23 Ich denke mir eine Zahl, vergrößere sie um 3, multipliziere das Ergebnis mit 6 und subtrahiere schließlich noch 7. Ich erhalte 53. Welche Zahl habe ich mir gedacht?

24 Ich habe mir eine Zahl gedacht, sie um 5 vermindert, das Ergebnis verdreifacht und anschließend 8 addiert. Als Endergebnis erhielt ich das Doppelte der gedachten Zahl. Welche Zahl habe ich mir gedacht?

Die Zahl 25 soll als Summe aus 2 Summanden geschrieben werden, von denen der größere Summand 49-mal so groß ist wie der kleinere.

1. Vorläufige Antwort:

Bezeichnet man den einen Summanden mit x, dann ist der andere gleich der Differenz zwischen x und 25, also 25 – x.

Die beiden Summanden sind x und 25 – x.

2. Bestimmungsgleichung:

Es sei x der kleinere und 25 – x der größere Summand. Da der größere Summand 49-mal so groß ist wie der kleinere, muss man den kleineren mit 49 multiplizieren, um den größeren zu erhalten.

$$49 \cdot x = 25 - x \quad \| + x$$
$$50x = 25 \quad \| : 50$$
$$x = 0{,}5$$

3. Antwortsatz:

Die beiden Summanden sind 0,5 und 25 – 0,5 = 24,5.

4. Probe am Text:

Die Summe aus den beiden Summanden ist 25, denn 0,5 + 24,5 = 25. Der größere Summand ist 49-mal so groß wie der kleinere, denn 24,5 = 49 · 0,5.

25 Die Zahl 54 soll in zwei Summanden zerlegt werden, von denen der eine **a)** die Hälfte; **b)** das 3fache; **c)** das 17fache des anderen ist.

Welche Zahl ist gleich der um 5 verminderten Hälfte ihres 3fachen?

1. Vorläufige Antwort:

Die gesuchte Zahl ist x.

2. Bestimmungsgleichung:

Das 3fache der gesuchten Zahl ist 3x; die Hälfte des 3fachen der gesuchten Zahl ist $\frac{3x}{2}$; die um 5 verminderte Hälfte des 3fachen der gesuchten Zahl ist $\frac{3x}{2} - 5$.
Dieser Term muss gleich der gesuchten Zahl, also gleich x sein.

$$\frac{3x}{2} - 5 = x \quad \| \cdot 2$$
$$3x - 10 = 2x \quad \| -2x + 10$$
$$x = 10$$

3. Antwortsatz:

Die gesuchte Zahl ist 10.

4. Probe am Text:

Das 3fache von 10 ist 30.
Die Hälfte des 3fachen von 10 ist 30 : 2 = 15.
Die um 5 verminderte Hälfte des Dreifachen von 10 ist 15 – 5 = 10.
Sie ist damit gleich der Zahl selbst.

26 Welche Zahl ist gleich
a) dem 6fachen ihrer um 4 verminderten Hälfte;
b) ihrem um 18 verminderten 5fachen;
c) der Hälfte ihres um 5 verminderten 3fachen?

27 Addiert man zum 12fachen einer Zahl das 8fache der um 5 vergrößerten Zahl, dann erhält man 140. Wie heißt die Zahl?

Die Summe aus der Hälfte, dem dritten und dem achten Teil einer Zahl ist 69. Wie heißt die Zahl?

1. Vorläufige Antwort:

Die gesuchte Zahl heißt x.

2. Bestimmungsgleichung:

Die Hälfte der gesuchten Zahl ist $\frac{x}{2}$, ihr dritter Teil ist $\frac{x}{3}$ und ihr achter Teil ist $\frac{x}{8}$. Die Summe dieser drei Brüche soll gleich 69 sein.

$$\frac{x}{2} + \frac{x}{3} + \frac{x}{8} = 69$$

$$\frac{12x + 8x + 3x}{24} = 69$$

$$\frac{23x}{24} = 69 \quad \| \cdot 24$$

$$23x = 69 \cdot 24 \quad \| : 23$$

$$x = \frac{\overset{3}{\cancel{69}} \cdot 24}{\underset{1}{\cancel{23}}}$$

$$x = 72$$

3. Antwortsatz:

Die gesuchte Zahl heißt 72.

4. Probe am Text:

Die Hälfte von 72 ist 72 : 2 = 36;
der dritte Teil von 72 ist 72 : 3 = 24;
der achte Teil von 72 ist 72 : 8 = 9.
36 + 24 + 9 = 69.

28 Addiert man die Hälfte, ein Viertel und ein Achtel einer Zahl, so erhält man 77. Wie heißt die Zahl?

29 Subtrahiert man von der Summe aus der Hälfte, dem dritten Teil, dem sechsten Teil und dem achten Teil einer Zahl 2, so erhält man als Ergebnis die gesuchte Zahl. Wie heißt diese?

30 Von welcher Zahl ist die Summe aus dem dritten, dem vierten und dem fünften Teil gleich 70,5?

31 Von welcher Zahl sind die Hälfte und ein Drittel zusammen um $5\frac{1}{2}$ kleiner als die Zahl selbst?

32 Die Summe aus dem dritten, dem vierten und dem sechsten Teil einer Zahl ist um 12 kleiner als die Zahl selbst. Wie heißt die Zahl?

Eine antike Viehzählung in Hexametern:

Zu Augias einmal die gewaltige Kraft des Alkiden
sprach, ausforschend der Rinder Gesamtzahl. Jener entgegnet:
Rings um die Flut des Alfeios herum, Freund, weidet die Hälfte,
aber $\frac{1}{8}$ der Herde am Hügel, geweihet dem Chronos;
am Taraxippos sodann $\frac{1}{12}$ noch, fern an der Grenze.
Und $\frac{1}{20}$ grast im altehrwürdigen Elis.
Aber den 30. Teil rundum in Arkadien ließ ich.
Was nun übrig noch ist, schaust du hier: die Hälfte von hundert.

1. Vorläufige Antwort:

Die Gesamtzahl der Rinder ist x.

2. Bestimmungsgleichung:

Die Gesamtzahl x der Rinder erhält man, wenn man die Anzahl der rings um die Flut des Alfeios weidenden $\left(\frac{x}{2}\right)$, der am Hügel des Chronos weidenden $\left(\frac{x}{8}\right)$, der am Taraxippos weidenden $\left(\frac{x}{12}\right)$, der in Elis weidenden $\left(\frac{x}{20}\right)$, der in Arkadien weidenden $\left(\frac{x}{30}\right)$ und der am Ort befindlichen (50) addiert.

$$\frac{x}{2}+\frac{x}{8}+\frac{x}{12}+\frac{x}{20}+\frac{x}{30}+50=x$$

$$\frac{60x+15x+10x+6x+4x}{120}+50=x$$

$$\frac{\overset{19}{\cancel{95}}}{\underset{24}{\cancel{120}}}x+50=x \qquad \| \cdot 24$$

$$19x+1200=24x \qquad \| -19x$$

$$1200=5x \qquad \| :5x$$

$$240=x$$

3. Antwortsatz:

Die Gesamtzahl der Rinder ist 240.

4. Probe am Text:

Am Alfeios weiden 240 : 2 = 120 Rinder.
Am Hügel der Chronos weiden 240 : 8 = 30 Rinder.
Am Taraxippos weiden 240 : 12 = 20 Rinder.
In Elis weiden 240 : 20 = 12 Rinder.
In Arkadien weiden 240 : 30 = 8 Rinder.
Zusammen mit den am Ort befindlichen 50 Rindern sind das insgesamt 240 Rinder, denn 120 + 30 + 20 + 12 + 8 + 50 = 240.

33 Eine antike Schülerstatistik in Form von Hexametern:
„Edler Pythagoras, sage mir an, wie viele der Jünger
Zählt dein Haus, die dem Dienst sich weihen der unsterblichen Götter?"
„Sagen will ichs dir, o Polykrates: Siehe die Hälfte
Weiht sich der herrlichen Mathematik, ein Viertel erforschet
Eifrig die Tiefen der ew'gen Natur; ein Siebentel übt noch
Schweigend die Kraft des Gemüts und horcht der sinnigen Rede;
Dann der Jungfrauen drei, doch herrlich vor allem Theano;
So viel führ ich der Jünger zum Born der ewigen Wahrheit."

Anleitung: Die Gesamtzahl x der Jünger erhält man, wenn man die Anzahl der Mathematiktreibenden $\left(\frac{x}{2}\right)$, die Anzahl der die Natur Erforschenden $\left(\frac{x}{4}\right)$, die Anzahl der Schweigenden $\left(\frac{x}{7}\right)$ und die Anzahl der Jungfrauen (3) addiert.

34 Eine märchenhafte Aufgabe aus alter Zeit:

Beim Ballspiel mit ihrem Verlobten, Prinz Wernher von Heisenstein, zerriss der reizenden Prinzessin Albertine vom Einberg die kostbare Perlenkette. Sofort machten sich beide auf die Suche nach den zerstreuten Perlen. Prinzessin Albertine fand den achten Teil, Prinz Wernher den sechsten Teil und eine herbeieilende Dienerin den dritten Teil der Perlen. 21 Perlen las der Haushofmeister auf, während der zwölfte Teil der Perlen trotz intensiver Suche nicht mehr gefunden werden konnte. Wie viele Perlen enthielt die Kette?

35 In einem indischen Lehrbuch aus dem Jahre 1150 n. Chr. findet sich die folgende Aufgabe:
Aus einer Menge reiner Lotosblumen wurde Schiwa der dritte, Wischnu der fünfte, der Sonne der sechste Teil als Opfer dargebracht; den vierten Teil erhielt Bhawani, und die übrigen sechs Blumen bekam der ehrwürdige Lehrer. Wie viele Lotosblumen waren es?

36 Für die Schüler der Klasse 8 b sieht das Ergebnis der letzten Mathematikarbeit folgendermaßen aus:
$\frac{1}{12}$ der Schüler konnten sich über die Note 1 freuen, $\frac{2}{9}$ der Schüler erreichten Note 2, $\frac{1}{3}$ der Schüler bekamen Note 3, $\frac{5}{18}$ der Schüler mussten sich mit einer 4 begnügen. Für 3 Schüler gab es leider nur Note 5, während Gott sei Dank kein einziger Schüler eine 6 nach Hause tragen musste. Wie viele Schüler hat die Klasse 8 b?

Anleitung: Die Gesamtzahl x der Schüler erhält man, wenn man die Anzahl derjenigen, die Note 1 $\left(\frac{x}{12}\right)$, Note 2 $\left(\frac{2}{9}\cdot x\right)$, Note 3 $\left(\frac{x}{3}\right)$, Note 4 $\left(\frac{5}{18}\cdot x\right)$ und Note 5 (3) geschrieben haben, addiert.

37 Bei einem Buch nehmen der Text $\frac{2}{3}$, die Abbildungen $\frac{3}{16}$ und die Tabellen $\frac{5}{72}$ der Seitenanzahl in Anspruch. Auf den noch verbleibenden 22 Seiten sind Titel, Vorwort und Register untergebracht. Wie viele Seiten hat das Buch?

38 Mit $\frac{3}{11}$ seiner Länge steckt ein Brückenpfeiler im Grunde eines Flusses. $\frac{2}{3}$ seiner Länge befinden sich im Wasser; 1,2 m ragen aus dem Wasser heraus. Wie lang ist der Brückenpfeiler?

39 Ein tierisches Problem:
Ein Gäns'rich saß in süßer Ruh
in einem Sumpfgesträuche,
da flog ein Gänseschwarm herzu
von einem nahen Teiche.
Der Gäns'rich sprach: „Ich grüß euch schön,
fürwahr, ich bin verwundert,
euch insgesamt allhier zu sehn,
ihr seid ganz sicher hundert!"
Ein kluges Gänschen drauf versetzt:

„Viel wird zu hundert fehlen,
du hast die Zahl zu hoch geschätzt,
drum magst du selbst nun zählen.
Verdopple unsre Zahl, dann sei
die Hälfte noch genommen,
ein Viertel und du, Freund, dabei
wirst hundert dann bekommen."

Anleitung: Vergrößert man die Summe aus dem Doppelten (2x), der Hälfte $\left(\frac{x}{2}\right)$ und dem vierten Teil $\left(\frac{x}{4}\right)$ der Anzahl der Gänse um 1 (nämlich den Gänserich selbst), dann erhält man 100.

Die Quadrate zweier aufeinander folgender natürlicher Zahlen unterscheiden sich um 289. Wie heißen die beiden Zahlen?

1. Vorläufige Antwort:

Die beiden Zahlen heißen x und x + 1.

2. Bestimmungsgleichung:

Das Quadrat der Zahl x ist x^2; das Quadrat der Zahl x + 1 ist $(x + 1)^2$. Die Differenz dieser beiden Quadrate soll gleich 289 sein.

$$
\begin{aligned}
(x+1)^2 - x^2 &= 289 \\
x^2 + 2x + 1 - x^2 &= 289 \\
2x + 1 &= 289 \quad \| -1 \\
2x &= 288 \quad \| :2 \\
x &= 144
\end{aligned}
$$

3. Antwortsatz:

Die beiden Zahlen heißen 144 und 145.

4. Probe am Text:

144 und 145 sind zwei aufeinander folgende natürliche Zahlen. Ihre Quadrate unterscheiden sich um 289, denn
$145^2 - 144^2 = 21\,025 - 20\,736 = 289$.

40 Zwei Zahlen unterscheiden sich um 15, ihre Quadrate um
a) 1035; **b)** 1395; **c)** 3675. Wie heißen die beiden Zahlen?

Anleitung: Bezeichnet man die kleinere Zahl mit x, dann muss man für die größere x + 15 schreiben.

41 Die Summe zweier Zahlen ist gleich 20, die Differenz ihrer Quadrate ist 120. Wie heißen die beiden Zahlen?

Anleitung: Bezeichnet man die eine Zahl mit x, dann ist die andere gleich der Differenz zwischen 20 und x, also 20 – x.

Zwei Zahlen verhalten sich wie 3 : 5. Ihre Summe ist 60. Wie heißen die beiden Zahlen?

1. Vorläufige Antwort:

Das einfachste Beispiel für zwei Zahlen, die sich wie 3 : 5 verhalten, sind die beiden Zahlen 3 und 5 selbst. Alle übrigen Zahlenpaare, die sich wie 3 : 5 verhalten, lassen sich in der Form 3x und 5x ($x \neq 0$) schreiben, denn $3x : 5x = \frac{3x}{5x}$ ergibt, mit x gekürzt, $\frac{3}{5} = 3 : 5$.

Die beiden Zahlen heißen 3x und 5x.

2. Bestimmungsgleichung:

Die Summe der beiden gesuchten Zahlen soll gleich 60 sein.

$$3x + 5x = 60$$
$$8x = 60 \quad \| :8$$
$$x = 7{,}5$$

3. Antwortsatz:

Die beiden Zahlen heißen $3 \cdot 7{,}5 = 22{,}5$ und $5 \cdot 7{,}5 = 37{,}5$.

4. Probe am Text:

Die Summe der beiden Zahlen ist 60, denn 22,5 + 37,5 = 60.
Die beiden Zahlen verhalten sich wie 3 : 5, denn

$$22{,}5:37{,}5=\frac{22{,}5}{37{,}5}=\frac{225}{375}=\frac{3\cdot 75}{5\cdot 75}=\frac{3}{5}=3:5$$

42 Gegeben sind zwei Zahlen, die sich wie 7 : 5 verhalten; ihre Summe ist **a)** 84, **b)** 252, **c)** 900. Wie heißen die Zahlen?

43 Ich denke mir zwei Zahlen; sie verhalten sich wie 11 : 5, ihre Differenz beträgt **a)** 42, **b)** 150, **c)** 216. Wie heißen die beiden Zahlen?

44 Drei Zahlen verhalten sich wie 5 : 7 : 8. Ihre Summe ist 100. Wie heißen die drei Zahlen?

Anleitung: Das einfachste Beispiel für drei Zahlen, die sich wie 5 : 7 : 8 verhalten, sind die drei Zahlen 5, 7 und 8 selbst. Alle übrigen Dreiergruppen von Zahlen, die sich wie 5 : 7 : 8 verhalten, lassen sich in der Form 5x, 7x und 8x ($x \neq 0$) darstellen, denn 5x : 7x : 8x = 5 : 7 : 8 (gekürzt mit x!).

45 Frau Abel und ihr Gatte haben das monatliche Taschengeld ihrer Kinder Henrik, Niels und Lena auf insgesamt 85 DM festgesetzt. Diese 85 DM sollen im Verhältnis der Lebensalter ihrer Kinder verteilt werden. Wie viel Taschengeld erhält jedes Kind, wenn Henrik 14, Niels 12 und Lena 8 Jahre alt ist?

46 Nun sind zwei Jahre vergangen. Wie sieht die Taschengeldverteilung der Familie Abel aus der vorhergehenden Aufgabe dann aus?

Anleitung: Nach 2 Jahren sind Henrik 16, Niels 14 und Lena 10 Jahre alt. Die Taschengeldbeträge müssen sich also wie 16 : 14 : 10 verhalten.

47 Und wie sieht die Taschengeldverteilung von Familie Abel aus den beiden vorhergehenden Aufgaben aus, wenn Henrik 18 Jahre alt ist und die Eltern den Gesamtbetrag großzügig von 85 DM auf 115 DM erhöht haben?

48 Das Stammkapital einer Firma beträgt 250 000 DM. Es wurde von den vier Teilhabern in folgender Weise aufgebracht: Herr Abel zahlte 55 000 DM, Frau Banach 85 000 DM, Herr Cantor 43 000 DM und Herr Dedekind 67 000 DM. Im Gründungsvertrag wurde festgelegt, dass der zu erwartende Gewinn an die einzelnen Teilhaber im Verhältnis der von ihnen eingezahlten Beträge verteilt wird. Wie viel DM erhält jeder der vier Teilhaber am Ende eines Geschäftsjahres, das einen Gewinn von 35 250 DM brachte?

49 Ein Automobilwerk bietet vier Modelle an: Den Kleinwagen „Simplex amanda" mit 25 PS, den Mittelklassewagen „Solidy super" mit 45 PS, die schwere Reiselimousine „Snoby bombasto" mit 125 PS und den schnittigen Sportwagen „Granata mortale" mit 265 PS. Die Preise der einzelnen Modelle stehen im selben Verhältnis wie ihre PS-Zahlen. „Simplex amanda" ist bereits für 7995 € zu haben. Wie teuer sind die drei anderen Modelle?

Anleitung: Bezeichne mit x den Preis für 1 PS.

Eine zweistellige Zahl mit der Zehnerziffer 4 ist viermal so groß wie ihre Quersumme. Wie heißt die Zahl?

1. Vorläufige Antwort:

Bezeichnet man die Einerziffer der gesuchten Zahl mit x, dann ist die gesuchte Zahl selbst gleich der Summe aus der zehnfachen Zehnerziffer $(10 \cdot 4)$ und x.

Die Einerziffer der gesuchten Zahl ist x, die gesuchte Zahl ist $40 + x$.

2. Bestimmungsgleichung:

Die Quersumme der gesuchten Zahl, d. h. die Summe aus ihrer Einer- und ihrer Zehnerziffer, ist $4 + x$. Da die gesuchte Zahl viermal so groß ist wie ihre Quersumme, muss man die Quersumme mit 4 multiplizieren, um die gesuchte Zahl zu erhalten.

$$\begin{aligned} 4(4+x) &= 40+x \\ 16+4x &= 40+x \quad \| -x-16 \\ 3x &= 24 \quad \| :3 \\ x &= 8 \end{aligned}$$

3. Antwortsatz:

Die Einerziffer der gesuchten Zahl ist 8, die gesuchte Zahl ist $40 + 8 = 48$.

4. Probe am Text:

Die Quersumme der Zahl 48 ist $4 + 8 = 12$.
Die Zahl 48 ist viermal so groß wie ihre Quersumme, denn $48 = 4 \cdot 12$.

50 Eine durch 10 teilbare dreistellige Zahl mit der Zehnerziffer 9 ist 55-mal so groß wie ihre Quersumme. Wie heißt die Zahl?

Anleitung: Eine Zahl mit der Hunderterziffer a, der Zehnerziffer b und der Einerziffer c lässt sich schreiben als $a \cdot 100 + b \cdot 10 + c$.

51 Eine zweistellige Zahl mit der Einerziffer 8 ist doppelt so groß wie ihre Quersumme. Wie heißt die Zahl?

Anleitung: Wenn man die Zehnerziffer der gesuchten Zahl mit x bezeichnet, dann lässt sich die Zahl selbst schreiben als $10 \cdot x + 8$.

Eine Zahl besteht aus zwei Ziffern. Ihre Quersumme ist 12. Vertauscht man die Reihenfolge der Ziffern, dann erhält man eine Zahl, die um 36 größer ist als die ursprüngliche Zahl. Wie heißt die ursprüngliche Zahl?

1. Vorläufige Antwort:

Die Quersumme der ursprünglichen Zahl, d. h. die Summe aus ihrer Einer- und ihrer Zehnerziffer, ist 12. Bezeichnet man die Zehnerziffer mit x, dann ist die Einerziffer gleich der Differenz zwischen x und 12, also $12 - x$.
Den Wert einer zweistelligen Zahl erhält man, wenn man ihre Zehnerziffer mit 10 multipliziert und zum Ergebnis die Einerziffer addiert (z. B. $42 = 4 \cdot 10 + 2$). Die ursprüngliche Zahl heißt also $10 \cdot x + (12 - x)$.

Die Zehnerziffer der ursprünglichen Zahl ist x, die Einerziffer der ursprünglichen Zahl ist $(12 - x)$, die ursprüngliche Zahl ist $10 \cdot x + (12 - x)$.

2. Bestimmungsgleichung:

Vertauscht man bei der Zahl $10x + (12 - x)$ die Zehnerziffer x mit der Einerziffer $(12 - x)$, so erhält man die Zahl $10 \cdot (12 - x) + x$; da sie um 36 größer als die ursprüngliche Zahl ist, muss man von ihr 36 subtrahieren, um die ursprüngliche Zahl zu erhalten.

$$
\begin{aligned}
[10(12-x)+x]-36 &= 10x+(12-x) \\
120-10x+x-36 &= 10x+12-x \\
84-9x &= 9x+12 && \| +9x-12 \\
72 &= 18x && \| :18 \\
4 &= x
\end{aligned}
$$

3. Antwortsatz:

Die Zehnerziffer der ursprünglichen Zahl ist 4; die Einerziffer der ursprünglichen Zahl ist $12 - 4 = 8$, die ursprüngliche Zahl ist $4 \cdot 10 + 8 = 48$.

4. Probe am Text:

Die Quersumme der Zahl 48 ist $4 + 8 = 12$.
Vertauscht man die Reihenfolge der Ziffern, dann erhält man die Zahl 84. Sie ist um 36 größer als 48, denn $84 = 48 + 36$.

52 Die Quersumme einer zweistelligen Zahl ist 10. Vertauscht man ihre Ziffern, so erhält man eine neue Zahl, die um 2 kleiner als das Dreifache der ursprünglichen Zahl ist. Wie heißt die ursprüngliche Zahl?

53 Die Einerziffer einer zweistelligen Zahl ist 5. Vertauscht man die Ziffern dieser Zahl, so erhält man eine um 27 größere Zahl. Wie heißt die ursprüngliche Zahl?

Der Wert einer dreistelligen Zahl mit der Quersumme 16 ändert sich nicht, wenn man sie von rechts nach links liest. Wie heißt die Zahl, wenn ihre Zehnerziffer gleich der Summe aus ihrer Einerziffer und ihrer Hunderterziffer ist?

1. Vorläufige Antwort:

Der Wert einer dreistelligen Zahl ändert sich beim „Rückwärtslesen“ nur dann nicht, wenn ihre Einerziffer gleich ihrer Hunderterziffer ist. Bezeichnet man diese beiden Ziffern jeweils mit x, dann muss man für die Zehnerziffer, die gleich der Summe aus Einer- und Hunderterziffer ist, $x + x = 2x$ schreiben.

Die Einerziffer der gesuchten Zahl ist x, die Hunderterziffer ist ebenfalls x, die Zehnerziffer ist 2x.

2. Bestimmungsgleichung:

Die Quersumme der gesuchten Zahl, d. h. die Summe ihrer Ziffern, ist x + x + 2x; sie ist gleich 16.

$$
\begin{aligned}
x + x + 2x &= 16 \\
4x &= 16 \quad \| :4 \\
x &= 4
\end{aligned}
$$

3. Antwortsatz:

Die Einerziffer der gesuchten Zahl ist 4, die Hunderziffer ist ebenfalls 4, die Zehnerziffer ist $2 \cdot 4 = 8$. Die gesuchte Zahl ist 484.

4. Probe am Text:

Die dreistellige Zahl 484 hat als Quersumme 16, denn $4 + 8 + 4 = 16$. Ihre Zehnerziffer ist gleich der Summe aus ihrer Einer- und ihrer Hunderterziffer, denn $8 = 4 + 4$. Liest man die Zahl von rechts nach links, so ergibt sich dieselbe Zahl 484 wieder.

54 Bei einer dreistelligen Zahl mit der Quersumme 20 ist die Einerziffer doppelt so groß wie die Zehnerziffer. Die Zahl ändert ihren Wert nicht, wenn man Einer- und Hunderterziffer miteinander vertauscht. Wie heißt die Zahl?

55 Eine dreistellige Zahl mit der Hunderterziffer 3 ändert ihren Wert nicht, wenn man sie von rechts nach links liest. Setzt man dagegen die Hunderterziffer ans (rechte) Ende der Zahl, dann vergrößert sich die Zahl um 90. Wie heißt die Zahl?

Bei einer dreistelligen Zahl ist die Zehnerziffer um 3 kleiner und die Einerziffer um 5 größer als die Hunderterziffer. Die Zahl selbst ist 28-mal so groß wie ihre Quersumme. Wie heißt die Zahl?

1. Vorläufige Antwort:

Bezeichnet man die Hunderterziffer mit x, dann muss man für die um 3 kleinere Zehnerziffer $x - 3$ und für die um 5 größere Einerziffer $x + 5$ schreiben. Den Wert einer dreistelligen Zahl erhält man, wenn man das 100fache ihrer Hunderterziffer, das 10fache ihrer Zehnerziffer und ihre Einerziffer addiert (z. B. $356 = 100 \cdot 3 + 10 \cdot 5 + 6$). Die gesuchte Zahl heißt also $100 \cdot x + 10 \cdot (x - 3) + (x + 5)$.

Die Hunderterziffer ist x, die Zehnerziffer $x - 3$, die Einerziffer $x + 5$. Die Zahl ist $100 \cdot x + 10 \cdot (x - 3) + (x + 5)$.

2. Bestimmungsgleichung:

Die Quersumme der Zahl ist gleich der Summe ihrer Ziffern, also $x + (x - 3) + (x + 5)$. Da die gesuchte Zahl 28-mal so groß ist wie ihre Quersumme, muss man die Quersumme mit 28 multiplizieren, um die gesuchte Zahl zu erhalten.

$$
\begin{aligned}
28[x+(x-3)+(x+5)] &= 100x+10(x-3)+(x+5) \\
28(3x+2) &= 100x+10x-30+x+5 \\
84x+56 &= 111x-25 \qquad \| -84x+25 \\
81 &= 27x \qquad \| :27 \\
3 &= x
\end{aligned}
$$

3. Antwortsatz:

Die Hunderterziffer ist 3, die Zehnerziffer ist $3 - 3 = 0$, die Einerziffer ist $3 + 5 = 8$. Die Zahl ist $100 \cdot 3 + 10 \cdot 0 + 8 = 308$.

4. Probe am Text:

Die Zehnerziffer ist um 3 kleiner als die Hunderterziffer, denn $0 = 3 - 3$; die Einerziffer ist um 5 größer als die Hunderterziffer, denn $8 = 3 + 5$.

Die Quersumme der Zahl ist 3 + 0 + 8 = 11.
Die Zahl ist 28-mal so groß wie ihre Quersumme, denn 308 = 28 · 11.

56 Bei einer dreistelligen Zahl ist die Hunderterziffer um 3 größer und die Einerziffer um 5 kleiner als die Zehnerziffer. Die Zahl ist 170-mal so groß wie ihre Zehnerziffer. Wie heißt die Zahl?

Bei einer vierstelligen Zahl ist die Zehnerziffer um 2 größer als die Einerziffer. Der Wert der Zahl ändert sich nicht, wenn man sie von rechts nach links liest. Vertauscht man Einerziffer und Zehnerziffer miteinander, dann erhält man das 202fache ihrer Quersumme. Wie heißt die ursprüngliche Zahl?

1. Vorläufige Antwort:

Der Wert einer vierstelligen Zahl ändert sich beim „Rückwärtslesen" nur dann nicht, wenn ihre Einerziffer gleich ihrer Tausenderziffer und ihre Zehnerziffer gleich ihrer Hunderterziffer ist (z. B. 7337). Bezeichnet man die Einer- und die Tausenderziffer jeweils mit x, dann muss man für die um 2 größere Zehner- bzw. Hunderterziffer jeweils x + 2 schreiben.
Den Wert einer vierstelligen Zahl erhält man, wenn man das 1000fache ihrer Tausenderziffer, das 100fache ihrer Hunderterziffer, das 10fache ihrer Zehnerziffer und ihre Einerziffer addiert (z. B. 2346 = 1000 · 2 + 100 · 3 + 10 · 4 + 6).
Die gesuchte Zahl heißt also 1000x + 100(x + 2) + 10(x + 2) + x.

Die Einerziffer der gesuchten Zahl ist x, ihre Zehnerziffer ist x + 2, ihre Hunderterziffer ist x + 2, ihre Tausenderziffer ist x. Die gesuchte Zahl ist 1000x + 100(x + 2) + 10(x + 2) + x.

2. Bestimmungsgleichung:

Die Quersumme der gesuchten Zahl, d. h. die Summe ihrer Ziffern, ist x + (x + 2) + (x + 2) + x. Vertauscht man bei der gesuchten Zahl Einer- und Zehnerziffer miteinander, so erhält man die neue Zahl

$1000x + 100(x + 2) + 10x + (x + 2)$; sie ist 202-mal so groß wie die Quersumme.

$$1000x + 100(x+2) + 10x + (x+2) = 202 \cdot [x + (x+2) + (x+2) + x]$$
$$1111x + 202 = 202 \cdot (4x + x)$$
$$1111x + 202 = 808x + 808 \quad \| -808x - 202$$
$$303x = 606 \quad \| :303$$
$$x = 2$$

3. Antwortsatz:

Die Einerziffer der gesuchten Zahl ist 2, ihre Zehnerziffer ist 2 + 2 = 4, ihre Hunderterziffer ist 2 + 2 = 4, ihre Tausenderziffer ist 2. Die gesuchte Zahl ist $1000 \cdot 2 + 100 \cdot 4 + 10 \cdot 4 + 2 = 2442$.

4. Probe am Text:

Die Zehnerziffer der Zahl 2442 ist um 2 größer als die Einerziffer, denn 4 = 2 + 2.
Liest man die Zahl 2442 von rechts nach links, dann ergibt sich ebenfalls 2442.
Vertauscht man bei der Zahl 2442 Einer- und Zehnerziffer miteinander, so erhält man die Zahl 2424; sie ist 202-mal so groß wie die Quersumme, denn $2424 = 202 \cdot (2 + 4 + 4 + 2) = 202 \cdot 12$.

57 Bei einer vierstelligen Zahl, deren Wert sich nicht ändert, wenn man sie von rechts nach links liest, ist die Hunderterziffer um 5 größer als die Einerziffer. Vertauscht man Tausenderziffer und Hunderterziffer miteinander, so erhält man eine Zahl, die 404-mal so groß ist wie ihre Quersumme. Wie heißt die ursprüngliche Zahl?

Welche Zahl muss man zum Zähler und zum Nenner des Bruches $\frac{5}{8}$ addieren, um einen Bruch vom Werte $\frac{4}{5}$ zu erhalten?

1. Vorläufige Antwort:

Die gesuchte Zahl heißt x.

2. Bestimmungsgleichung:

Der Zähler des neuen Bruches ist um x größer als der des ursprünglichen Bruches; er heißt 5 + x; der Nenner des neuen Bruches ist ebenfalls um x größer als der des ursprünglichen Bruches; er heißt 8 + x; der neue Bruch heißt somit $\frac{5+x}{8+x}$; er ist gleich $\frac{4}{5}$.

$$\frac{5+x}{8+x}=\frac{4}{5} \qquad \| \cdot 5(8+x)$$

$$\frac{(5+x)\cdot 5\cancel{(8+x)}}{\cancel{8+x}}=\frac{4\cdot\cancel{5}(8+x)}{\cancel{5}}$$

$$25+5x=32+4x \qquad \| -4x-25$$

$$x=7$$

3. Antwortsatz:

Die gesuchte Zahl ist 7.

4. Probe am Text:

Addiert man zu Zähler und Nenner des Bruches $\frac{5}{8}$ die Zahl 7, so erhält man den Bruch $\frac{5+7}{8+7}=\frac{12}{15}=\frac{4}{5}$.

58 Welche Zahl muss man zum Zähler und zum Nenner des Bruches $\frac{3}{5}$ addieren, um einen Bruch vom Werte $\frac{6}{7}$ zu erhalten?

59 Welche Zahl muss man vom Zähler und vom Nenner des Bruches $\frac{25}{27}$ subtrahieren, um einen Bruch vom Werte $\frac{3}{4}$ zu erhalten?

60 Welche Zahl muss man zum Zähler des Bruches $\frac{15}{17}$ addieren und zugleich von seinem Nenner subtrahieren, um einen Bruch vom Werte $1\frac{2}{3}$ zu erhalten?

Kapitel 3

Altersrätsel

Herr Klein, seine Tochter Sophia und sein Enkel Felix haben, der Zufall hats gefügt, am gleichen Tag Geburtstag. Tochter Sophia wurde am 26. Geburtstag ihres Vaters, Enkel Felix am 22. Geburtstag seiner Mutter geboren. „Heute feiern wir drei einen ganz besonderen Geburtstag", verkündet Herr Klein den zahlreich erschienenen Gästen, „wir werden zusammen gerade 100 Jahre alt." Wie alt wird jedes der drei Geburtstagskinder?

1. Vorläufige Antwort:

Bezeichnet man das Alter von Felix mit x, dann muss man für das Alter der 22 Jahre älteren Mutter x + 22 schreiben. Das Alter von Herrn Klein, der 26 Jahre älter als seine Tochter ist, muss mit (x + 22) + 26 bezeichnet werden.

Felix wird x Jahre alt, seine Mutter wird x + 22 Jahre alt, Herr Klein wird (x + 22) + 26 Jahre alt.

2. Bestimmungsgleichung:

Addiert man das Alter von Felix, Sophia und Herrn Klein, dann erhält man 100.

$$x+(x+22)+[(x+22)+26]=100$$
$$3x+70=100 \quad \|-70$$
$$3x=30 \quad \|:3$$
$$x=10$$

3. Antwortsatz:

Felix wird 10, seine Mutter 10 + 22 = 32, Herr Klein 32 + 26 = 58 Jahre alt.

4. Probe am Text:

Die Mutter ist 22 Jahre älter als ihr Sohn, denn 32 = 10 + 22. Herr Klein ist 26 Jahre älter als seine Tochter, denn 58 = 32 + 26. Zusammen sind die drei Geburtstagskinder 100 Jahre alt, denn 10 + 32 + 58 = 100.

3 Altersrätsel

1 Berechne das vorige Beispiel für den Fall, dass die drei Geburtstagskinder zusammen gerade **a)** 85 Jahre, **b)** 115 Jahre, **c)** 160 Jahre alt werden.

2 Andrea, Daniela, Markus, Christoph und Benjamin sind zusammen 75 Jahre alt. Benjamin ist 10 Jahre jünger als Christoph. Markus ist 2 Jahre älter als Christoph, Andrea ist 1 Jahr älter als Daniela. Daniela ist 4 Jahre älter als Markus. Wie alt ist jedes der 5 Geschwister?

Anleitung: Bezeichne Christophs Alter mit x.

3 Zusammen mit ihren Eltern sind die 5 Kinder der vorhergehenden Aufgabe 164 Jahre alt. Der Vater ist 7 Jahre älter als die Mutter. Wie alt sind beide?

4 Herr Pringsheim ist 25 Jahre älter als sein Sohn und 35 Jahre jünger als sein Vater. Alle drei zusammen sind 130 Jahre alt. Wie alt ist jeder der drei?

„Jetzt bin ich nur noch doppelt so alt wie du“, sagt Frau Kowalewsky zu ihrer Tochter Sonja an deren 18. Geburtstag. „Es ist gar nicht so lange her, da war ich noch dreimal so alt wie du!“ Vor wie vielen Jahren war das der Fall?

1. Vorläufige Antwort:

Vor x Jahren war Frau Kowalewsky dreimal so alt wie ihre Tochter Sonja.

2. Bestimmungsgleichung:

Frau Kowalewsky ist heute $2 \cdot 18 = 36$ Jahre alt.
Vor x Jahren war sie $36 - x$ Jahre alt;
vor x Jahren war Sonja $18 - x$ Jahre alt.
Da Frau Kowalewsky damals dreimal so alt wie ihre Tochter war, muss man das damalige Alter der Tochter mit 3 multiplizieren, um das damalige Alter der Mutter zu erhalten.

$$\begin{aligned} 3 \cdot (18 - x) &= 36 - x \\ 54 - 3x &= 36 - x \quad \| -36 + 3x \\ 18 &= 2x \quad \| :2 \\ 9 &= x \end{aligned}$$

3. Antwortsatz:

Vor 9 Jahren war Frau Kowalewksy dreimal so alt wie ihre Tochter Sonja.

4. Probe am Text:

Vor 9 Jahren war Sonja $18 - 9 = 9$ Jahre alt, ihre Mutter war zu diesem Zeitpunkt $36 - 9 = 27$ Jahre alt, also dreimal so alt wie Sonja.

5 Vor wie vielen Jahren war Frau Kowalewsky aus dem vorhergehenden Beispiel viermal so alt wie ihre Tochter?

3 Altersrätsel

6 Bearbeite das vorige Beipiel für den Fall, dass Frau Kowalewsky ihre Aussage **a)** am 14.; **b)** am 24. Geburtstag ihrer Tochter Sonja macht.

7 Herr Mises ist derzeit genau fünfmal so alt wie sein sechsjähriger Sohn Richard. In wie vielen Jahren wird er nur noch **a)** dreimal; **b)** doppelt so alt sein wie sein Sohn?

Anleitung: In x Jahren ist Herr Mises dreimal (doppelt) so alt wie sein Sohn.

„Da wird nichts draus, ich bin doch doppelt so alt wie Sie", versucht Mathematikprofessor Dr. Minkowski die ungestüme Zuneigung einer Studentin, die ihn unbedingt heiraten will, zu bremsen. „Das ist ein Zustand, der sich mit jedem Tage zum Besseren wendet", entgegnet die beharrliche Frau dem angebeteten Professor, „an unserer Silberhochzeit sind Sie dann nur noch $1\frac{1}{2}$-mal so alt wie ich." Wie alt sind Professor und Studentin?

1. Vorläufige Antwort:

Wenn man das heutige Alter der Studentin mit x bezeichnet, dann muss man für das heutige Alter des doppelt so alten Professors $2 \cdot x$ schreiben.	Die Studentin ist x Jahre alt, der Professor 2x Jahre.

2. Bestimmungsgleichung:

Zur Silberhochzeit in 25 Jahren wäre die Studentin x + 25 Jahre, der Professor 2x + 25 Jahre alt. Da der Professor dann $1\frac{1}{2}$-mal so alt wie die Studentin ist, muss man deren Alter mit $1\frac{1}{2}$ multiplizieren, um das Alter des Professors zu erhalten.	$1\frac{1}{2}\cdot(x+25)=2x+25$ $\frac{3}{2}x+\frac{75}{2}=2x+25 \quad \Vert \cdot 2$ $3x+75=4x+50 \quad \Vert -3x-50$ $25=x$

3. Antwortsatz:

Die Studentin ist 25 Jahre alt, der Professor ist 50 Jahre alt.

4. Probe am Text:

Der Professor ist heute doppelt so alt wie die Studentin, denn $50 = 2 \cdot 25$.
In 25 Jahren ist der Professor 75, die Studentin 50 Jahre alt.
Der Professor ist dann $1\frac{1}{2}$-mal so alt wie die Studentin, denn $70 = 1\frac{1}{2} \cdot 50$

8 Frau Bari hat wie ihre Tochter Nina am gleichen Tag Geburtstag. Zu bereits vorgerückter Stunde will ein fürwitziger Geburtstagsgast wissen, wie alt eigentlich die beiden Geburtstagskinder heute werden. „Eine Dame darf man doch nicht nach ihrem Alter fragen“, tadelt ihn Frau Bari, „aber wenn Sie rechnen können, will ichs Ihnen verraten. Beide zusammen werden wir heute 65 Jahre alt. Vor 10 Jahren war ich gerade viermal so alt wie Nina.“ Wie alt wird Nina und wie alt wird ihre Mutter am heutigen Geburtstag?

Anleitung: Wenn man das heutige Alter der Tochter mit x bezeichnet, dann ist das heutige Alter der Mutter gleich dem Unterschied zwischen x und 65, also $65 - x$.

9 Frau Blaschke ist derzeit viermal so alt wie ihr Sohn Wilhelm. In 4 Jahren wird sie nur noch dreimal so alt sein wie ihr Sohn. Wie alt sind Mutter und Sohn heute?

10 Herr Hankel ist heute 5-mal so alt wie sein Sohn Hermann. Vor 3 Jahren war er noch 8-mal so alt wie sein Sohn. Wie alt sind beide heute?

11 Frau Hesse und ihr Sohn Ludwig sind zusammen 62 Jahre alt. In 8 Jahren wird Frau Hesse genau doppelt so alt sein wie ihr Sohn. Wie alt sind die beiden heute?

12 Vor acht Jahren war Herr Euler siebenmal so alt wie sein Sohn Leonhard. Heute dagegen ist er gerade noch dreimal so alt wie sein Sohn. Wie alt sind Vater und Sohn jetzt?

3 Altersrätsel

Herr Riemann ist 50 Jahre alt. Als er so alt war, wie sein Sohn Bernhard heute ist, da war er gerade dreimal so alt wie sein Sohn damals war. Wie alt ist Sohn Bernhard heute?

1. Vorläufige Antwort:

Sohn Bernhard ist heute x Jahre alt.

2. Bestimmungsgleichung:

Wenn Sohn Bernhard heute 1 Jahr alt wäre, dann wäre der heute 50-jährige Vater vor 50 – 1= 49 Jahren so alt gewesen, wie sein Sohn heute ist, denn 50 – 49 = 1. Wenn Sohn Bernhard heute 2 Jahre alt wäre, dann wäre der heute 50-jährige Vater vor 50 – 2 = 48 Jahren so alt gewesen, wie sein Sohn heute ist, denn 50 – 48 = 2. Wenn Sohn Bernhard gemäß der vorläufigen Antwort heute x Jahre alt ist, dann ist der heute 50-jährige Vater vor (50 – x) Jahren so alt gewesen, wie sein Sohn heute ist, denn 50 – (50 – x) = x. Der heute x Jahre alte Sohn war vor (50 – x) Jahren [x – (50 – x)] Jahre alt. Da der Vater damals dreimal so alt war wie sein Sohn, muss man das damalige Alter [x – (50 – x)] des Sohnes mit 3 multiplizieren, um das damalige Alter (x) des Vaters zu erhalten.

$$3 \cdot [x - (50 - x)] = x$$
$$3 \cdot [2x - 50] = 50x$$
$$6x - 150 = x \quad \| -x + 150$$
$$5x = 150 \quad \| :5$$
$$x = 30$$

3. Antwortsatz:

Sohn Bernhard ist heute 30 Jahre alt.

4. Probe am Text:

Der heute 50-jährige Herr Riemann war vor 20 Jahren 30 Jahre alt, also genauso alt, wie sein Sohn heute ist. Vor 20 Jahren war der heute 30-jährige Sohn 10 Jahre alt. Vor 20 Jahren war Herr Riemann also dreimal so alt wie sein Sohn, denn 30 = 3 · 10.

13 Vater und Sohn sind zusammen 70 Jahre alt. Vor 5 Jahren war der Vater 3-mal so alt wie sein Sohn. Wie alt sind beide heute?

14 Als Frau Steiner so alt war, wie ihr Sohn Jakob heute ist, da war sie genau viermal so alt, wie ihr Sohn damals war. Heute feiert Frau Steiner ihren 42. Geburtstag. Wie alt ist Jakob heute?

15 Herrn Weyls Sohn Hermann ist 24 Jahre alt. Als Herr Weyl 24 Jahre alt war, da war er gerade sechsmal so alt, wie sein Sohn damals war. Wie alt ist Herr Weyl heute?

16 Vom Mathematiklehrer nach seinem Alter gefragt, glaubt Christoph mathematisch werden zu müssen. „Als ich 6 Jahre alt war, da war mein Vater 34 Jahre alt. Derzeit ist mein Vater dreimal so alt wie ich.“ Wie alt ist Christoph?

Anleitung: Es ist günstig, die Anzahl der Jahre, die vergangen sind, seit Christoph 6 Jahre alt war, mit x zu bezeichnen. Für Christophs heutiges Alter muss man dann $6 + x$ und für seines Vaters heutiges Alter $34 + x$ schreiben.

3 Altersrätsel

Eine recht ungewöhnliche Altersangabe:
„Hier dies Grabmal deckt Diophantos' sterbliche Hülle,
Und in des trefflichen Kunst zeigt es sein Alter dir an.
Knabe zu sein, gewährt' ihm der Gott ein Sechstel des Lebens,
Und ein Zwölftel der Zeit ward er ein Jüngling genannt.
Noch ein Siebentel schwand, da fand er des Lebens Gefährtin.
Und fünf Jahre darauf ward ihm ein liebliches Kind.
Halb nur hatte der Sohn des Vaters Alter vollendet,
Als ihn plötzlich der Tod seinem Erzeuger entriss.
Noch vier Jahre betrauert' er ihn im schmerzlichen Kummer.
Und nun sage das Ziel, welches er selber erreicht!"

1. Vorläufige Antwort:

Diophantos erreichte ein Alter von x Jahren.

2. Bestimmungsgleichung:

Das von Diopanthos erreichte Lebensalter x erhält man, wenn man seine Knabenzeit $\left(\frac{x}{6}\right)$, seine Jugendzeit $\left(\frac{x}{12}\right)$, die Zeit der Suche nach der Lebensgefährtin $\left(\frac{x}{7}\right)$, die 5 Jahre bis zur Geburt des Sohnes, die Lebenszeit des Sohnes $\left(\frac{x}{2}\right)$ und die 4 Jahre des Trauerns um den Sohn addiert.

$$\frac{x}{6} + \frac{x}{12} + \frac{x}{7} + 5 + \frac{x}{2} + 4 = x$$

$$\frac{25}{28}x + 9 = x \quad \left\| -\frac{25}{28}x \right.$$

$$9 = \frac{3}{28}x \quad \| \cdot 28$$

$$9 \cdot 28 = 3x \quad \| :3$$

$$\frac{\overset{3}{\cancel{9}} \cdot 28}{\underset{1}{\cancel{3}}} = x$$

$$84 = x$$

3. Antwortsatz:

Diophantos erreichte ein Alter von 84 Jahren.

4. Probe am Text:

Die Knabenzeit betrug 84 : 6 = 14 Jahre,
die Jugendzeit betrug 84 : 12 = 7 Jahre,

die Suche nach der Gefährtin dauerte 84 : 7 = 12 Jahre,
die Lebenszeit des Sohnes betrug 84 : 2 = 42 Jahre.
Addiert man dazu noch die 5 Jahre zwischen Heirat und Geburt des Sohnes und die 4 Jahre des Trauerns um den Sohn, so erhält man das von Diophantos erreichte Lebensalter, denn
14 + 7 + 12 + 42 + 5 + 4 = 84.

17 Von ihren Schülern nach ihrem Alter gefragt, breitet Frau Rolle ihre ganze Lebensgeschichte aus: „Nach 6 sorglosen Kinderjahren kam ich zur Schule, in der ich ein Viertel meines bisherigen Lebens verbracht habe. Die darauf folgenden glücklichen Studienjahre machten ein Achtel meiner bisherigen Lebenszeit aus. Und nun quäle ich mich schon mein halbes Leben lang mit kümmerlichem Erfolg damit ab, euch und euresgleichen die mathematischen Grundbegriffe einzutrichtern!“ Wie alt ist Frau Rolle?

3 Altersrätsel

18 Herr Peano ist 47 Jahre alt; seine drei Söhne sind zusammen 10 Jahre älter als ihr Vater. Vor wie vielen Jahren war Herr Peano genauso alt, wie seine drei Söhne zusammen damals waren?

Anleitung: Vor x Jahren waren der Vater und **jeder** der drei Söhne x Jahre jünger als heute.

19 Berechne die vorstehende Aufgabe für den Fall, dass es sich um 4 Söhne handelt, die zusammen 21 Jahre älter sind als der Vater.

Kapitel 4

Bewegungsaufgaben

Um 9.45 Uhr startet in Rom ein Privatflugzeug und fliegt mit einer Durchschnittsgeschwindigkeit von 550 km/h nach New York. Zwei Stunden später folgt ihm ein Jumbojet mit einer Durchschnittsgeschwindigkeit von 950 km/h. Wann und in welcher Entfernung von Rom überholt der Jumbojet die Privatmaschine?

1. Vorläufige Antwort:

Das Privatflugzeug legt in einer Stunde 550 km, in 2 Stunden $550 \cdot 2$ km, in 3 Stunden $550 \cdot 3$ km und in x Stunden $550 \cdot x$ km zurück. Wenn man also die Flugzeit der Privatmaschine bis zum Überholvorgang mit x Stunden bezeichnet, dann erfolgt der Überholvorgang $550 \cdot x$ km von Rom entfernt.

Der Jumbojet überholt die Privatmaschine x Stunden nach dem Start der Privatmaschine. Die Entfernung von Rom beträgt in diesem Augenblick $550 \cdot x$ Kilometer.

2. Bestimmungsgleichung:

Zum Zeitpunkt des Überholvorgangs war das Privatflugzeug x Stunden unterwegs und hat in dieser Zeit $550 \cdot x$ km zurückgelegt. Da der Jumbojet 2 Stunden nach dem Privatflugzeug gestartet ist, war er zum Zeitpunkt des Überholens nur $(x - 2)$ Stunden unterwegs und hat während dieser Zeit bei einer Geschwindigkeit von 950 km/h eine Strecke von $950 \cdot (x - 2)$ km zurückgelegt. Im Augenblick des Überholens sind beide Maschinen gleich weit von Rom entfernt.

$$550 \cdot x = 950 \cdot (x-2)$$

$$550x = 950x - 1900 \quad \| +1900 - 550x$$

$$1900 = 400x \quad \| :400$$

$$4\frac{3}{4} = x$$

3. Antwortsatz:

Der Jumbojet überholt die Privatmaschine $4\frac{3}{4}$ Stunden nach deren Start (also $2\frac{3}{4}$ Stunden nach seinem eigenen Start). Die Entfernung von Rom beträgt in diesem Augenblick $550 \cdot 4\frac{3}{4} = 2612{,}5$ km.

4. Probe am Text:

Die Privatmaschine ist $4\frac{3}{4}$ Stunden nach ihrem Start $550 \cdot 4\frac{3}{4} = 2612{,}5$ km von Rom entfernt. Der 2 Stunden später gestartete Jumbojet ist $2\frac{3}{4}$ Stunden nach seinem eigenen Start $950 \cdot 2\frac{3}{4} = 2612{,}5$ km von Rom entfernt. Beide Maschinen haben also in diesem Augenblick die gleiche Entfernung von Rom.

1 Berechne das vorige Beispiel für den Fall, dass der Jumbojet $1\frac{3}{4}$ Stunden später als die Privatmaschine startet und mit einer Durchschnittsgeschwindigkeit von 900 km/h fliegt.

2 Nicht ganz so modern, aber mathematisch von gleicher Art wie die vorhergehende Aufgabe ist die folgende Aufgabe, die aus einem Lehrbuch vom Jahre 1804 stammt:
Einem Bothen, der schon vor zehn Tagen von einem gewissen Orte abgegangen war, wird aus demselben Orte, und auf demselben Wege, ein anderer Bothe nachgeschickt, um jenen einzuholen. Wenn nun der erste Bothe täglich vier, der andere täglich neun Meilen zurücklegt: Wie viele Tage wird der zweite Bothe brauchen, um den ersten einzuholen?

3 Auf seinen Rollerblades durchfährt Kevin eine 400-m-Bahn mit einer durchschnittlichen Geschwindigkeit von 9 Metern pro Sekunde. Sein jüngerer Bruder Moritz dagegen schafft auf derselben Bahn gerade mal 5 Meter pro Sekunde. Um den Kleinen nicht gar zu sehr zu entmutigen, gibt er ihm bei einer Wettfahrt einen Vorsprung von 100 Metern. Wann und wo überholt Kevin seinen Bruder?

4 Um ihm endlich einmal ein Erfolgserlebnis zu verschaffen, will Kevin, der Bub aus der vorhergehenden Aufgabe, seinem Bruder Moritz einen solchen Vorsprung gewähren, dass beide gleichzeitig im Ziel eintreffen. Wie groß muss dieser Vorsprung sein?

5 Auf welchen Wert müsste Kevin seine Geschwindigkeit drosseln, um bei einem Vorsprung von 50 Metern gleichzeitig mit seinem kleinen Bruder im Ziel einzutreffen?

6 Im gleichen Augenblick, als in Frankfurt am Main ein Privatjet zum Flug nach New York startet, hebt in New York eine DC-10 zum Flug nach Frankfurt am Main ab. Die Flugentfernung zwischen New York und Frankfurt am Main beträgt auf der von beiden Maschinen gewählten Route 6750 km. Wann und wo begegnen sich die beiden Maschinen, wenn der Privatjet mit einer Durchschnittsgeschwindigkeit von 550 km/h und die DC-10 mit einer von 950 km/h (jeweils über Grund) fliegt?

Anleitung: Zum Zeitpunkt der Begegnung, die x Stunden nach dem Start erfolgt, müssen die von beiden Maschinen zurückgelegten Strecken gleich der Gesamtstrecke Frankfurt–New York sein.

7 Wütend haben sich Romina und Julius nach einem läppischen Streit voneinander getrennt und sind schmollend in entgegengesetzten Richtungen davongestürmt. Doch lange hält die Verärgerung nicht an. Genau 300 m sind sie voneinander entfernt, da drehen sie sich wie auf Kommando gleichzeitig um und eilen wieder aufeinander zu. Julius legt eine Geschwindigkeit von 3,5 m/s vor, Romina hält sich etwas zurück und begnügt sich mit 1,5 m/s. Wann und wo liegen sich die beiden glücklich und versöhnt wieder in den Armen?

8 Zwei Stunden nachdem in New York ein Jumbojet zum Flug nach London gestartet ist, hebt in London eine überschallschnelle Concorde zum Flug nach New York ab. Die Entfernung zwischen New York und London beträgt auf der von beiden Maschinen gewählten Route 6250 km. Wann und wo begegnen sich die beiden Maschinen, wenn die Durchschnittsgeschwindigkeit des Jumbojets 950 km/h, die der Concorde 2050 km/h (jeweils über Grund) beträgt?

Anleitung: Wenn man die Flugzeit des Jumbojets bis zur Begegnung mit x bezeichnet, dann muss man für die entsprechende Flugzeit der Concorde, die ja 2 Stunden später gestartet ist, (x – 2) Stunden schreiben.

9 Mit ihrem neuen Fahrrad macht sich Julia auf den Weg, um ihre Großeltern im 90 km entfernten Altmannshausen zu besuchen. Während der ersten $2\frac{1}{2}$ Stunden erreicht sie eine ganz ansehnliche Durchschnittsgeschwindigkeit. Dann aber kommt der tote Punkt, sie macht eine Rast. Während der folgenden 3 Stunden bis zum Zielort ist Julias Durchschnittsgeschwindigkeit dann um 3 km/h geringer als vor der Pause. Wie hoch war die ursprüngliche Durchschnittsgeschwindigkeit?

Anleitung: Bei einer Durchschnittsgeschwindigkeit von x km/h legt Julia in $2\frac{1}{2}$ Stunden einen Weg von $2\frac{1}{2} \cdot x$ km zurück. Entsprechend legt sie bei der um 3 km/h niedrigeren Durchschnittsgeschwindigkeit von (x – 3) km/h in den 3 Stunden Fahrzeit nach der Pause $3 \cdot (x - 3)$ km zurück. Beide Teilstrecken müssen gleich der Gesamtstrecke von 90 km sein.

10 Durch den Ausbau einer Schnellbahntrasse hat die Deutsche Bahn die Durchschnittsgeschwindigkeit von A-Stadt nach Z-City gegenüber dem Vorjahr um 40 km/h erhöht. Während der Zug im Vorjahr für die Strecke genau eine Stunde brauchte, verringerte sich die Fahrzeit in diesem Jahr auf 0,75 Stunden. Mit welcher Durchschnittsgeschwindigkeit hat der Zug sein Ziel erreicht und wie weit sind die beiden Städte voneinander entfernt?

11 20 Minuten nachdem in Frankfurt am Main ein Intercityzug nach Freiburg im Breisgau losgefahren ist, ist ein ICE in Freiburg nach der Mainmetropole gestartet. Die Entfernung zwischen den beiden Städten sei mit 280 km angenommen. Wann und wo treffen sich die beiden Züge, wenn die Durchschnittsgeschwindigkeit des Intercityzuges 160 km/h und die des ICE 180 km/h betragen würde?

Anleitung: Wenn man die Fahrzeit des Intercityzugs bis zur Begegnung mit x bezeichnet, dann muss man für die entsprechende Fahrzeit des ICE $(x - \frac{1}{3})$ schreiben (20 min. = $\frac{1}{3}$ Stunde!).

Ein mit einer Geschwindigkeit von 100 km/h (= $\frac{100}{3,6}$ m/s) fahrender Pkw nähert sich von hinten einem in gleicher Richtung mit 80 km/h (= $\frac{80}{3,6}$ m/s) fahrenden Lkw. 35 m hinter dem 22 m langen Lastwagen wechselt der Pkw-Fahrer auf die Gegenfahrbahn, überholt den Lkw und kehrt 35m vor dem überholten Fahrzeug auf die rechte Fahrbahnseite zurück. Wie lange dauert der Überholvorgang, und wie viele Meter legt der Pkw auf der Gegenfahrbahn zurück?

1. Vorläufige Antwort:

Der mit einer Geschwindigkeit von $\frac{100}{3,6}$ m/s fahrende Pkw legt in 1 Sekunde $1 \cdot \frac{100}{3,6}$ m, in 2 Sekunden $2 \cdot \frac{100}{3,6}$ m und in x Sekunden $x \cdot \frac{100}{3,6}$ m zurück. Wenn man also die Zeitdauer des Überholvorganges mit x Sekunden bezeichnet, dann hat der Pkw während dieser Zeit eine Strecke von $x \cdot \frac{100}{3,6}$ m auf der Gegenfahrbahn zurückgelegt.

Der Überholvorgang dauert x Sekunden; der Pkw legt $x \cdot \frac{100}{3,6}$ Meter auf der Gegenfahrbahn zurück.

2. Bestimmungsgleichung:

Gegenüber dem mit $\frac{80}{3,6}$ m/s fahrenden Lkw hat der mit $\frac{100}{3,6}$ m/s fahrende Pkw eine Geschwindigkeit von $\left(\frac{100}{3,6} - \frac{80}{3,6}\right)$ m/s. In x Sekunden legt der Pkw gegenüber dem Lkw also einen Weg von $x \cdot \left(\frac{100}{3,6} - \frac{80}{3,6}\right)$ Metern zurück. Dieser Weg muss gleich der Summe aus der Sicherheitsstrecke von 35 m hinter dem Lkw, der eigentlichen Überholstrecke von 22 m und der Sicherheitsstrecke von 35 m vor dem Lkw sein.

$$x \cdot \left(\frac{100}{3{,}6} - \frac{80}{3{,}6} \right) = 35 + 22 + 35$$

$$\frac{20}{3{,}6} x = 92 \qquad \Big\| \cdot \frac{3{,}6}{20}$$

$$x = \frac{92 \cdot 3{,}6}{20}$$

$$x = 16{,}56$$

3. Antwortsatz:

Der Überholvorgang dauert 16,56 Sekunden; der Pkw legt $16{,}5 \cdot \frac{100}{3{,}6}$ = 460 m auf der Gegenfahrbahn zurück.

4. Probe am Text:

In 16,56 Sekunden legt der Pkw $16{,}56 \cdot \frac{100}{3{,}6} = 460$ m, der Lkw $16{,}56 \cdot \frac{80}{3{,}6} = 368$ m zurück. Der Pkw legt also 460 – 368 = 92 m mehr zurück als der Lkw. Diese 92 m sind aber gerade gleich der Summe aus den beiden Sicherheitsstrecken von je 35 m und der eigentlichen Überholstrecke von 22 m, denn 35 + 35 + 22 = 92.

12 Berechne das vorige Beispiel für den Fall, dass
a) der überholende Pkw mit einer Geschwindigkeit von 90 km/h fährt; **b)** der überholte Lkw mit einer Geschwindigkeit von 90 km/h fährt; **c)** beide Fahrzeuge mit einer um 10 km/h geringeren Geschwindigkeit fahren.

13 Laura kann an keiner Rolltreppe vorbeigehen, ohne sie verkehrt herum zu benutzen. Diesmal will sie eine abwärts führende Rolltreppe hinauflaufen. Sie schafft in der Sekunde 3 Stufen. Die Rolltreppe hat 33 Stufen. Es dauert genau 15 Sekunden, bis eine Stufe von ganz oben nach ganz unten gewandert ist. Wie lange braucht Laura, bis sie oben ankommt?

14 Diesmal macht sich Laura aus der vorhergehenden Aufgabe daran, eine aufwärts führende Rolltreppe herunterzulaufen. Diese Rolltreppe hat 36 Stufen. Jede Stufe braucht genau 15 Sekunden, um von ganz unten nach ganz oben zu gelangen. Abwärts gehts leichter und so erreicht Laura schon nach 10 Sekunden das untere Ende. Wie viele Stufen hat sie durchschnittlich pro Sekunde geschafft?

15 Und manchmal gehts auch ohne Gleichung: Gemeinsam mit seinem Dackel Waldemar strebt Oberförster Hugo Tannemann nach erfolgreicher Pirsch dem heimatlichen Forsthaus zu. Genau 400 m vor dem Haus lässt er seinen Dackel von der Leine. Freudig bellend stürmt Waldemar auf die in der Tür des Forsthauses stehende Förstersfrau zu. Dort angekommen kehrt er, hin- und hergerissen in seiner Zuneigung

zwischen Herrchen und Frauchen, sofort wieder um und eilt nun dem Förster entgegen, springt an ihm hoch und rast zur Förstersfrau zurück. Dies wiederholt sich so lange, bis der Förster seine Frau unter der Eingangstür in die Arme schließt. Wie viele Meter hat der Dackel insgesamt zurückgelegt, wenn er während der ganzen Zeit doppelt so schnell wie sein Herr gelaufen ist?

Anleitung: Jeder Versuch, diese Aufgabe formal über eine Bestimmungsgleichung zu lösen, stößt auf sehr große Schwierigkeiten. Mit einem bisschen gesunden Menschenverstand kann man das Ergebnis im Kopf ermitteln.

Kapitel 5

Zinsaufgaben

Welches Kapital bringt bei einem Zinssatz von 5 % genauso viele Zinsen wie 6000 € bei einem Zinssatz von 3,5 %?

1. Vorläufige Antwort:

Das gesuchte Kapital beträgt x €.

2. Bestimmungsgleichung:

x € bringen bei einem Zinssatz von 5 % jährlich $x \cdot \frac{5}{100}$ € Zinsen. 6000 € bringen bei einem Zinssatz von 3,5 % jährlich $6000 \cdot \frac{3,5}{100}$ € Zinsen. Beide Zinsbeträge sollen gleich sein.

$$x \cdot \frac{5}{100} = 6000 \cdot \frac{3,5}{100} \quad \| \cdot 100$$

$$5x = 6000 \cdot 3,5 \quad \| :5$$

$$x = \frac{6000 \cdot \overset{0,7}{\cancel{3,5}}}{\underset{1}{\cancel{5}}}$$

$$x = 4200$$

3. Antwortsatz:

Das gesuchte Kapital beträgt 4200 €.

4. Probe am Text:

4200 € bringen bei einem Zinssatz von 5 % jährlich $4200 \cdot \frac{5}{100} = 210$ € Zinsen. Genauso viele Zinsen bringen 6000 € bei einem Zinssatz von 3,5 %, denn $6000 \cdot \frac{3,5}{100} = 210$ €.

1 Zu welchem Zinssatz muss man ein Kapital von 5000 € anlegen, damit es genauso viele Zinsen bringt wie ein Kapital von 6000 € bei einem Zinssatz von 4 %?

2 Herr Hölder hat einen Teil seines Vermögens in Aktien der Firma Mäusemacher und Scheffler AG angelegt. Im vergangenen Jahr zahlte die Gesellschaft 7 % Dividende, das heißt, der auf den Aktien eingetragene Betrag (Nennwert) wurde zu 7 % verzinst. In diesem Jahr wurden wegen des guten Geschäftsganges 9,25 % Dividende ausgeschüttet. Freudig erregt stellt Herr Hölder fest, dass er diesmal 738 € mehr an Dividenden erhalten hat als im Vorjahr. Welchen Nennwert haben die Aktien von Herrn Hölder?

Anleitung: Wenn man den Nennwert mit x € bezeichnet, dann bekam Herr Hölder im Vorjahr $x \cdot \frac{7}{100}$ € Dividende und in diesem Jahr $x \cdot \frac{9{,}25}{100}$ €. Da er in diesem Jahr 738 € mehr bekam als im Vorjahr, erhält man die diesjährige Dividende, wenn man zur vorjährigen Dividende einen Betrag von 738 € addiert.

3 Als Grundstock für die spätere Berufsausbildung seiner neugeborenen Tochter Nadine will Herr Kronecker einen größeren Betrag auf ein Sparbuch einzahlen, das jährlich 5,75% Zinsen bringt. „Kaufen Sie doch für diesen Betrag lieber unsere Sparkassenbriefe, die mit 8,5% verzinst werden", empfiehlt ihm der freundliche Kundenberater der Bank, „damit können Sie jährlich 220 € mehr an Zinsen kassieren als mit dem Sparbuch." Wie viel € will Herr Kronecker einzahlen?

4 Herr Weierstraß hat für insgesamt 25 000 € zwei verschiedene Sorten von Pfandbriefen erworben. Bei der ersten (langfristigen) Sorte bekommt er 7 % Zinsen auf den angelegten Betrag, bei der zweiten (kurzfristigen) Sorte 9,5 %. Die Zinsen werden ihm am Ende eines jeden Jahres ausgezahlt. Wie hat Herr Weierstraß die 25 000 € auf die beiden Pfandbriefsorten aufgeteilt, wenn er jedes Jahr 2000 € Zinsen kassiert?

Anleitung: Bezeichnet man den in 7%igen Pfandbriefen angelegten Betrag mit x €, dann ist der in 9,5%igen Pfandbriefen angelegte Betrag gleich der Differenz zwischen x € und 25 000 €, also (25 000 – x) €. Für die in 7%igen Pfandbriefen angelegten x € bekommt Herr Weierstraß jährlich $x \cdot \frac{7}{100}$ € Zinsen, für den in 9,5%igen Pfandbriefen angelegten Betrag von (25 000 – x) € bekommt er jährlich $(25\,000 - x) \cdot \frac{9{,}25}{100}$ € Zinsen. Die beiden Zinsbeträge zusammen müssen 2000 € ergeben.

5 Zum Erwerb ihres Eigenheimes hat Familie Dirichlet zwei verschiedene Hypotheken zu insgesamt 175 000 € aufnehmen müssen. Für die erste, langfristige Hypothek muss sie 6,4 %, für die zweite, kurzfristige Hypothek 9,2 % an jährlichen Zinsen bezahlen. Die jährliche Zinsbelastung beträgt 12 600 €. Wie hoch sind erste und zweite Hypothek?

6 Bearbeite die vorhergehende Aufgabe für den Fall, dass **a)** die erste Hypothek 5,4 %, die zweite 8,9 % und die **monatliche** Belastung 971,25 € beträgt; **b)** die erste Hypothek 7,3 %, die zweite 9,8 % und die **monatliche** Belastung 1137,50 € beträgt.

Kapitel 6

Mischungsaufgaben

Aus echtem Jamaikarum mit einem Alkoholgehalt von 40 % will sich Herr Ries einen kräftigen Grog brauen, mit dem er glaubt, erfolgreich gegen eine beginnende Erkältung ankämpfen zu können. Er nimmt 0,05 Liter Rum und gießt 0,2 Liter heißes Wasser dazu. Wie viel Prozent Alkohol enthält der Grog?

1. Vorläufige Antwort:

Der Grog enthält x % Alkohol.

2. Bestimmungsgleichung:

0,05 Liter Rum mit einem Alkoholgehalt von 40 % $\left(=\frac{40}{100}\right)$ enthalten $0{,}5 \cdot \frac{40}{100}$ Liter reinen Alkohol. Durch Zuschütten von 0,2 Litern Wasser entsteht eine Mischung von insgesamt (0,05 + 0,2) Litern mit einem Alkoholgehalt von x % $\left(=\frac{x}{100}\right)$. Diese Mischung enthält $(0{,}05 + 0{,}2) \cdot \frac{x}{100}$ Liter reinen Alkohol. Da sich die Menge an reinem Alkohol durch Zuschütten von Wasser nicht ändert, muss die Menge an reinem Alkohol in den 0,05 Litern Rum gleich der Menge an reinem Alkohol in den (0,05 + 0,2) Litern des Grogs sein.

$$
\begin{aligned}
0{,}05 \cdot \frac{40}{100} &= (0{,}05 + 0{,}2) \cdot \frac{x}{100} && \| \cdot 100 \\
0{,}05 \cdot 40 &= 0{,}25x && \| : 0{,}25 \\
\frac{0{,}05 \cdot 40}{0{,}25} &= x \\
8 &= x
\end{aligned}
$$

3. Antwortsatz:

Der Grog enthält 8 % Alkohol.

4. Probe am Text:

Die 0,05 Liter des 40%igen Rums enthalten $0{,}05 \cdot \frac{40}{100} = 0{,}02$ Liter reinen Alkohol. Die daraus hergestellten 0,25 Liter Grog enthalten bei einem Alkoholgehalt von 8 % ebenfalls 0,02 Liter reinen Alkohol, denn $0{,}25 \cdot \frac{8}{100} = 0{,}02$.

1 Die erste Schlacht gegen die anrückende Erkältung hat Herr Ries aus dem vorigen Beispiel verloren. Er versucht es noch einmal mit Grog. Diesmal nimmt er allerdings die stärkere Rumsorte, mit einem Alkoholgehalt von 54 %. Er mischt wieder 0,05 Liter Rum mit 0,2 Liter heißem Wasser. Wie viel Prozent Alkohol enthält jetzt der Grog?

2 Anstatt zum Arzt zu gehen, setzt sich der uns nun schon hinreichend bekannte Herr Ries dem Verdacht aus, dass ihm mehr am Trinken als am Gesunden gelegen ist. Auch am dritten Tag will er den alkoholischen Kampf gegen seine Erkältung fortsetzen. Diesmal aber mit einem besonders schweren Geschütz! 0,5 Liter Grog mit einem Alkoholgehalt von 12 % sollen in die Schlacht geworfen werden. Wie viel 40%iger Rum und wie viel heißes Wasser müssen zur Bereitung dieser Waffe zusammengeschüttet werden?

Anleitung: 0,5 Liter Grog müssen, um einen Alkoholgehalt von 12 % $\left(= \frac{12}{100}\right)$ zu haben, $0{,}5 \cdot \frac{12}{100}$ Liter reinen Alkohol enthalten. Diese Menge muss in den x Litern des 40%igen Rums enthalten sein, aus denen der Grog hergestellt wird. Da aber x Liter 40%iger Rum $x \cdot \frac{40}{100}$ Liter reinen Alkohol enthalten, muss gelten $x \cdot \frac{40}{100} = 0{,}5 \cdot \frac{12}{100}$.

3 150 Liter reine Schwefelsäure sollen zu 62,5%iger Schwefelsäure verdünnt werden. Zu wie viel Wasser muss man die Schwefelsäure dazuschütten? Vorsicht: Niemals in umgekehrter Reihenfolge mischen!

Anleitung: Durch Zuschütten von x Litern Wasser ergibt sich eine Mischung von (150 + x) Litern. Bei dem geforderten Säuregehalt von 62,5% $\left(= \frac{62{,}5}{100}\right)$ muss die Mischung $(150 + x) \cdot \frac{62{,}5}{100}$ Liter reine Schwefelsäure enthalten.

4 Herr Leibniz hat herausgefunden, dass hochprozentige Essigsäure billiger ist als die entsprechende Menge verbrauchsfertig verdünnten Speiseessigs. Aus der von ihm gekauften Essigessenz mit einem Essigsäuregehalt von 80 % will er durch Mischen mit Wasser 0,6 kg 5%igen Speiseessig herstellen. Wie viel Gramm Essigessenz und wie viel Gramm Wasser muss er mischen?

5 Ein nicht diebstahlsicher verschlossener Behälter mit 150 Litern 95%igen Alkohols fiel auf einem Transport in die Hände eines trinkfreudigen Diebes. Dieser zapfte einen Teil des Alkohols für den eigenen Bedarf ab und ersetzte ihn, um seine ruchlose Tat zu verschleiern, durch reines Quellwasser. Am Ankunftsort der Alkoholsendung schöpfte man zunächst keinen Verdacht, weil ja das Fass nach wie vor 150 Liter Flüssigkeit enthielt. Erst bei einer genaueren Untersuchung stellte man fest, dass der ursprünglich 95%ige Alkohol zu 76%igem Alkohol geworden war. Wie viel Liter 95%igen Alkohol hat der Dieb entwendet und durch Wasser ersetzt?

Anleitung: Der Dieb entwendet x Liter des 95%igen Alkohols und ersetzt ihn durch Wasser. Nach dem Diebstahl mischt er also x Liter Wasser mit (150 – x) Litern 95%igen Alkohols und erhält dabei 150 Liter 76%igen Alkohol.

6 Mischungsaufgaben

400 g einer 8%igen Salzlösung werden mit 800 g einer 18%igen Salzlösung gemischt. Wie viel Prozent Salz enthält die Mischung?

1. Vorläufige Antwort:

Die Mischung hat einen Salzgehalt von x %.

2. Bestimmungsgleichung:

Die 400 g Salzlösung mit einem Salzgehalt von 8 % $\left(=\frac{8}{100}\right)$ enthalten $400 \cdot \frac{8}{100}$ g Salz. Die 800 g Salzlösung mit einem Salzgehalt von 18 % $\left(=\frac{18}{100}\right)$ enthalten $800 \cdot \frac{18}{100}$ g Salz. Die beiden Mischungsbestandteile enthalten also zusammen $400 \cdot \frac{8}{100} + 800 \cdot \frac{18}{100}$ g Salz. Beim Mischen entstehen (400 + 800) g Salzlösung mit einem Salzgehalt von x % $\left(=\frac{x}{100}\right)$; sie enthält $(400 + 800) \cdot \frac{x}{100}$ g Salz. Die Salzmenge in der Mischung ist gleich der Salzmenge in den beiden Bestandteilen der Mischung.

$$400 \cdot \frac{8}{100} + 800 \cdot \frac{18}{100} = (400 + 800) \cdot \frac{x}{100}$$
$$4 \cdot 8 + 8 \cdot 18 = 12 \cdot x$$
$$32 + 144 = 12x$$
$$176 = 12x \qquad \| :12$$
$$14\frac{2}{3} = x$$

3. Antwortsatz:

Die Mischung hat einen Salzgehalt von $14\frac{2}{3}$ %.

4. Probe am Text:

400 g 8%ige Salzlösung enthalten $400 \cdot \frac{8}{100} = 32$ g Salz.
800 g 18%ige Salzlösung enthalten $800 \cdot \frac{18}{100} = 144$ g Salz.
Die Mischungsbestandteile enthalten zusammen 32 + 144 = 176 g Salz.
Die 400 + 800 = 1200 g der Mischung enthalten bei einem Salzgehalt von $14\frac{2}{3}$ % ebenfalls 176 g Salz, denn

$$1200 \cdot \frac{14\frac{2}{3}}{100} = 12 \cdot 14\tfrac{2}{3} = 176.$$

6 200 g Sahnequark von 40 % Fettgehalt werden mit 800 g Magerquark (0,5 % Fettgehalt) gemischt. Welchen Fettgehalt hat die Mischung?

7 Beim Zusammenschütten von 200 Litern 60%igen Fruchtsafts und 160 Litern einer zweiten Fruchtsaftsorte entstand eine Mischung mit einem Saftgehalt von 76 %. Wie viel Prozent reinen Fruchtsaft enthielt die zweite Fruchtsaftsorte?

Anleitung: Bezeichnet man den Fruchtsaftgehalt der zweiten Sorte mit x %, dann enthalten die beiden Mischungsbestandteile zusammen $(200 \cdot \frac{60}{100} + 160 \cdot \frac{x}{100})$ Liter reinen Fruchtsaft.

8 Durch Mischen von 24%iger Salpetersäure mit 12%iger Salpetersäure sollen 2 kg einer 20%igen Salpetersäure hergestellt werden. Wie viel Gramm von jeder Sorte sind zu nehmen?

Anleitung: Bezeichnet man die Menge der 24%igen Salpetersäure mit x Gramm, dann ist die Menge der 12%igen Salpetersäure gleich der Differenz zwischen x und 2000, also (2000 – x) Gramm.

9 Wie viel Gramm einer 12%igen Salzlösung muss man mit 250 g einer 5%igen Salzlösung mischen, damit eine 8%ige Salzlösung entsteht?

10 6 kg einer 8%igen Salzlösung werden so lange am Sieden gehalten, bis 4 kg Wasser daraus verdampft sind. Welchen Salzgehalt hat die zurückbleibende eingedickte Lösung?

Anleitung: Da nur reines Wasser verdampft, bleibt die Menge des Salzes unverändert. Die Menge des in den 6 kg der ursprünglichen 8%igen Lösung enthaltenen Salzes ist also gleich der Menge des in 2 kg der eingedickten x%igen Lösung enthaltenen Salzes.

Jedes Jahr um die Weihnachtszeit stellt Herr Weyl, der Besitzer des kleinen Ladens an der Ecke, für seine Stammkunden eine Spezialmischung aus Haselnüssen, Walnüssen, Paranüssen und Erdnüssen her. Er mischt:

15 kg Haselnüsse zum Preis von 2,20 DM pro Kilogramm,
15 kg Walnüsse zum Preis von 5,60 DM pro Kilogramm,
12 kg Paranüsse zum Preis von 6,50 DM pro Kilogramm und
8 kg Erdnüsse zum Preis von 11,50 DM pro Kilogramm.

Wie teuer ist 1 Kilogramm dieser Mischung?

1. Vorläufige Antwort:

Ein Kilogramm der Mischung kostet x DM.

2. Bestimmungsgleichung:

Die Kosten der Haselnüsse erhält man, wenn man die Anzahl der Kilogramm mit dem Preis pro Kilogramm multipliziert. Sie betragen 15 · 2,20 DM. Ebenso ergeben sich die Kosten der Walnüsse zu 15 · 5,60 DM, die der Paranüsse zu 12 · 6,50 DM und die der Erdnüsse zu 8 · 11,50 DM. Die Summe dieser Beträge ist gleich den Gesamtkosten der Mischung. Den Verkaufserlös erhält man, wenn man die Anzahl der Kilogramm der Mischung, also 15 + 15 + 12 + 8, mit dem Verkaufspreis für 1 kg der Mischung, also x DM multipliziert. Gesamtkosten und Verkaufserlös sollen gleich groß sein.

$$15 \cdot 2{,}2 + 15 \cdot 5{,}6 + 12 \cdot 6{,}5 + 8 \cdot 11{,}5 = (15 + 15 + 12 + 8) \cdot x$$
$$33 + 84 + 78 + 92 = 50x$$
$$287 = 50x \quad \| :50$$
$$5{,}74 = x$$

3. Antwortsatz:

Ein Kilogramm der Mischung kostet 5,74 DM.

4. Probe am Text:

Die Gesamtkosten für die Mischung betragen $15 \cdot 2{,}20$ DM + $15 \cdot 5{,}60$ DM + $12 \cdot 6{,}50$ DM + $8 \cdot 11{,}50$ DM = 33 DM + 84 DM + 78 DM + 92 DM = 287 DM. Der Verkaufserlös beträgt $(15 + 15 + 12 + 8) \cdot 5{,}47$ DM = $50 \cdot 5{,}47$ DM = 287 DM. Gesamtkosten und Verkaufserlös sind gleich.

11 Unter Verwendung eines Restbestandes von 20 Litern 90%igen Alkohols sollen aus 50%igem und 85%igem Alkohol insgesamt 500 Liter 75%igen Alkohols hergestellt werden. Wie viele Liter von jeder Sorte sind zu nehmen?

Anleitung: Außer den 20 Litern des 90%igen Alkohols müssen von den beiden anderen Alkoholsorten noch insgesamt 500 – 20, also 480 Liter genommen werden. Bezeichnet man die Menge des 50%igen Alkohols mit x Litern, dann ist die Menge des 85%igen Alkohols gleich der Differenz zwischen x und 480, also (480 – x) Liter. Die Menge des reinen Alkohols in den drei Mischungsbestandteilen ist gleich der Menge des reinen Alkohols in der Mischung.

12 Aus den beiden Kaffeesorten „Esaus Löhnung" zum Preis von 16,80 DM pro Kilogramm und „Klapps Tschibohne" zu 14,20 DM pro Kilogramm soll eine Mischung hergestellt werden, von der 1 Kilogramm 15 DM kostet. Wie viele Kilogramm von „Klapps Tschibohne" müssen mit 50 Kilogramm von „Esaus Löhnung" gemischt werden?

Anleitung: 50 kg von „Esaus Löhnung" kosten $50 \cdot 16{,}80$ DM. x kg von „Klapps Tschibohne" kosten $x \cdot 14{,}20$ DM. Die Gesamtkosten der Mischung sind gleich der Summe aus diesen beiden Beträgen. Die Mischung hat ein Gewicht von (50 + x) kg und bringt bei einem Verkaufspreis von 15 DM pro Kilogramm einen Erlös von (50 + x) · 15 DM. Dieser Erlös muss gleich den Gesamtkosten der Mischung sein.

13 Aus Haselnüssen zu 1,35 € pro Kilogramm und Walnüssen zu 1,29 € pro Kilogramm sollen 300 Kilogramm einer Mischung hergestellt werden, die 1,30 € pro Kilogramm kostet. Wie viel Kilogramm Haselnüsse und wie viel Kilogramm Walnüsse müssen gemischt werden?

Anleitung: Bezeichnet man die Menge der Haselnüsse mit x Kilogramm, dann ist die Menge der Walnüsse gleich (300 – x) kg.

14 Obwohl im Betriebshandbuch ausdrücklich steht, dass Normalbenzin genügt, glaubt Herr Bessel, sein geliebtes Auto mit einem Gemisch aus Normalbenzin und Superbenzin verwöhnen zu müssen. Für 65 Liter dieser Mischung hat er an einer Tankstelle 106,30 DM bezahlt. Wie viele Liter von jeder Sorte hat er getankt, wenn 1 Liter Normalbenzin 1,62 DM und 1 Liter Superbenzin 1,67 DM kostet?

Kapitel 7

Füllen und Entleeren

Eine Pumpe kann einen Wasserbehälter in 80 Minuten ganz füllen, eine zweite, leistungsfähigere Pumpe würde dazu nur 70 Minuten brauchen. Wie lange dauert das Füllen, wenn beide Pumpen gleichzeitig in Betrieb sind?

1. Vorläufige Antwort:

Wenn beide Pumpen gleichzeitig in Betrieb sind, dauert das Füllen des Behälters x Minuten.

2. Bestimmungsgleichung:

Da die erste Pumpe den Behälter in 80 Minuten ganz füllen würde, füllt sie in 1 Minute den 80. Teil $\left(=\frac{1}{80}\right)$ des Behälters, in 2 Minuten $\frac{2}{80}$ usw., in x Minuten also $\frac{x}{80}$ des Behälters.
Da die zweite Pumpe den Behälter in 70 Minuten ganz füllen würde, füllt sie in 1 Minute $\frac{1}{70}$, in 2 Minuten $\frac{2}{70}$ usw., in x Minuten also $\frac{x}{70}$ des Behälters.
Wenn beide Pumpen gleichzeitig in Betrieb sind, dann füllen sie in 1 Minute $\frac{1}{80}+\frac{1}{70}$, in 2 Minuten $\frac{2}{80}+\frac{2}{70}$ usw., in x Minuten also $\frac{x}{80}+\frac{x}{70}$ des Behälters. Da der Behälter nach x Minuten ganz, also zu $\frac{80}{80}$ bzw. $\frac{70}{70}$ bzw. $\frac{1}{1}$ gefüllt ist, muss gelten $\frac{x}{80}+\frac{x}{70}=1$.

$$\frac{x}{80}+\frac{x}{70}=1$$

$$\frac{7x+8x}{560}=1 \qquad \|\cdot 560$$

$$15x=560$$

$$x=37\frac{1}{3}$$

3. Antwortsatz:

Wenn beide Pumpen gleichzeitig in Betrieb sind, dauert das Füllen des Behälters $37\frac{1}{3}$ Minuten = 37 Minuten 20 Sekunden.

4. Probe am Text:

Die erste Pumpe füllt in $37\frac{1}{3}$ Minuten folgenden Teil des Behälters:

$$37\frac{1}{3}\cdot\frac{1}{80}=\frac{112}{3\cdot 80}=\frac{112}{240};$$

die zweite Pumpe füllt in $37\frac{1}{3}$ Minuten folgenden Teil des Behälters:

$$37\frac{1}{3}\cdot\frac{1}{70}=\frac{112}{3\cdot 70}=\frac{112}{210}.$$

Zusammen füllen sie also in $37\frac{1}{3}$ Minuten den Behälter ganz, denn

$$\frac{112}{240}+\frac{112}{210}=\frac{784+896}{1680}=\frac{1680}{1680}=1.$$

1 Berechne das vorige Beispiel für den Fall, dass die erste Pumpe den Behälter in 30 Minuten, die zweite in 20 Minuten füllt.

2 Um eine Verspätung wieder aufzuholen, stehen zum Betanken eines Flugzeuges bei einer Zwischenlandung drei Tankwagen bereit. Der erste Tankwagen hätte allein 20 Minuten, der zweite 15 Minuten und der dritte 12 Minuten zum Auftanken gebraucht. Wie lange dauert es, bis das Flugzeug aufgetankt ist, wenn die drei Tankwagen gleichzeitig in Aktion treten?

3 Herr Minkowski will sein Schwimmbecken im Garten mit Wasser aus dem nahe gelegenen Bach füllen. Er hat zwei Pumpen zur Verfügung. Mit der 1. Pumpe allein wäre das Becken in 9 Stunden, mit der 2. Pumpe allein in 6 Stunden gefüllt. Gerne würde Herr Minkowski beide Pumpen gleichzeitig einschalten. Da an der 2. Pumpe jedoch zunächst ein Defekt behoben werden muss, kann sie erst 2 Stunden nach der 1. Pumpe in Betrieb genommen werden. Wie lange dauert das Füllen des Schwimmbeckens?

Anleitung: Wenn das Schwimmbecken x Stunden nach Einschalten der 1. Pumpe vollständig gefüllt ist, dann war die 1. Pumpe x Stunden, die 2. Pumpe dagegen nur (x – 2) Stunden in Betrieb.

Wieder hat Markus vergessen, den Abfluss der Badewanne mit dem Stopfen zu verschließen, bevor er den Zufluss aufdrehte. Leicht ironisch meint sein Vater: „Natürlich bekommst du auch so die Wanne voll, aber in der Zwischenzeit bist du an deinem Dreck erstickt." Wie lange dauert das Füllen der Wanne, wenn durch den Zufluss die leere Wanne in 12 Minuten gefüllt und durch den Abfluss die volle Wanne in 15 Minuten entleert wird?

1. Vorläufige Antwort:

Nach x Minuten ist die Wanne gefüllt.

2. Bestimmungsgleichung:

Da der Zufluss die Wanne in 12 Minuten vollständig füllt, füllt er in 1 Minute $\frac{1}{12}$, in 2 Minuten $\frac{2}{12}$ und in x Minuten $\frac{x}{12}$ der Wanne. Da der Abfluss die Wanne in 15 Minuten vollständig entleert, entleert er in 1 Minute $\frac{1}{15}$, in 2 Minuten $\frac{2}{15}$ und in x Minuten $\frac{x}{15}$ der Wanne.
Sind Zu- und Abfluss gleichzeitig geöffnet, dann werden in 1 Minute $\frac{1}{12}-\frac{1}{15}$, in 2 Minuten $\frac{2}{12}-\frac{2}{15}$ und in x Minuten $\frac{x}{12}-\frac{x}{15}$ der Wanne gefüllt. Da die Wanne nach x Minuten vollständig, also zu $\frac{12}{12}$ bzw. $\frac{15}{15}$ bzw. $\frac{1}{1}$ gefüllt ist, muss gelten: $\frac{x}{12}-\frac{x}{15}=1$.

$$\frac{x}{12}-\frac{x}{15}=1$$

$$\frac{5x-4x}{60}=1 \quad \| \cdot 60$$

$$x=60$$

3. Antwortsatz:

Nach 60 Minuten ist die Wanne gefüllt.

4. Probe am Text:

Innerhalb von 60 Minuten hat der Zufluss die Wanne fünfmal gefüllt, denn $\frac{60}{12} = 5$. Innerhalb von 60 Minuten hat der Abfluss die Wanne viermal entleert, denn $\frac{60}{15} = 4$. Genau nach 60 Minuten ist also die Wanne vollständig gefüllt, denn $5 - 4 = 1$.

4 Diesmal hat Markus, der Junge aus dem vorigen Beispiel, etwas besser aufgepasst. Bereits 5 Minuten nach Öffnen des Zuflusses bemerkt er, dass der Abfluss nicht verschlossen ist, und er holt das Versäumte sofort nach. Wie lange dauert es nun insgesamt, bis die Wanne vollständig gefüllt ist?

Anleitung: Die Wanne ist x Minuten nach Aufdrehen des Zuflusses gefüllt. In diesen x Minuten liefert der Zufluss $\frac{x}{12}$ des Wannenvolumens an Wasser. Durch den Abfluss, der 5 Minuten geöffnet war, sind $\frac{5}{15}$ abgelaufen. Der Rest (also die Differenz) füllt die Wanne vollständig.

5 Und noch ein drittes Mal passiert Markus das Missgeschick mit dem nicht verschlossenen Abfluss. Wie lange hat es gedauert, bis Markus das Versäumnis bemerkte und für Abhilfe sorgte, wenn die Wanne nach insgesamt 20 Minuten gefüllt ist?

Ein Heizwerk hat drei Kesselanlagen. Mit dem eingelagerten Ölvorrat kann der erste Kessel 108 Tage, der zweite Kessel 120 Tage und der dritte Kessel 135 Tage lang beheizt werden. Wie lange reicht der Ölvorrat im ungünstigsten Falle?

1. Vorläufige Antwort:

Der Ölvorrat reicht im ungünstigsten Falle x Tage.

2. Bestimmungsgleichung:

Der erste Kessel kann mit dem Ölvorrat 108 Tage beheizt werden, er verbraucht also in einem

2. Bestimmungsgleichung:

Tag $\frac{1}{108}$, in zwei Tagen $\frac{2}{108}$ bzw. in x Tagen $\frac{x}{108}$ des Ölvorrates. Dementsprechend verbraucht der zweite Kessel in x Tagen $\frac{x}{120}$ und der dritte Kessel in x Tagen $\frac{x}{135}$ des Ölvorrates. Der ungünstigste Fall liegt vor, wenn alle drei Kessel gleichzeitig beheizt werden; sie verbrauchen dann zusammen in x Tagen $\left(\frac{x}{108}+\frac{x}{120}+\frac{x}{135}\right)$ des Ölvorrates. Da der Ölvorrat aber nach x Tagen zu $\frac{108}{108}$ bzw. $\frac{120}{120}$ bzw. zu $\frac{135}{135}$ bzw. zu $\frac{1}{1}$ verbraucht ist, muss gelten $\frac{x}{108}+\frac{x}{120}+\frac{x}{135}=1$.

$$\frac{x}{108}+\frac{x}{120}+\frac{x}{135}=1 \quad \| \cdot 1080$$

$$10x+9x+8x=1080$$

$$27x=1080 \quad \| :27$$

$$x=40$$

3. Antwortsatz:

Der Ölvorrat reicht im ungünstigsten Falle 40 Tage.

4. Probe am Text:

Der erste Kessel verbraucht in 40 Tagen $\frac{40}{108}$ des Ölvorrates.

Der zweite Kessel verbraucht in 40 Tagen $\frac{40}{120}$ des Ölvorrates.

Der dritte Kessel verbraucht in 40 Tagen $\frac{40}{135}$ des Ölvorrates.

Zusammen verbrauchen die drei Kessel in 40 Tagen den gesamten Ölvorrat, denn

$$\frac{40}{108}+\frac{40}{120}+\frac{40}{135}=\frac{400+360+320}{1080}=\frac{1080}{1080}=1$$

6 Das im vorigen Beispiel beschriebene Heizwerk brauchte wegen der milden Witterung zunächst 35 Tage lang nur den ersten Kessel zu beheizen. Dann erst wurde die zweite Kesselanlage dazugeschaltet. Nach weiteren 25 Tagen musste schließlich wegen des strengen Frostes zusätzlich auch noch die dritte Kesselanlage in Betrieb genommen werden. Wie lange reicht dann der eingelagerte Ölvorrat?

7 Füllen und Entleeren

Anleitung: Wenn der eingelagerte Ölvorrat x Tage reicht, dann war der erste Kessel x Tage, der zweite nur (x – 35) Tage und der dritte lediglich (x – 35 – 25) Tage in Betrieb.

7 Ein alkoholisches Problem aus einem Lehrbuch von 1617: Einer trinkt in 21 Tagen einen Eimer Bier. Wenn ihm jedoch seine Frau hilft, leeren sie ihn in 14 Tagen. Wie lange würde also die Frau brauchen, um das Bier allein zu trinken?

Anleitung: Wenn die Frau allein den Eimer Bier in x Tagen austrinken würde, dann würde sie an einem Tag $\frac{1}{x}$, in 2 Tagen $\frac{2}{x}$, in 3 Tagen $\frac{3}{x}$ usw. und in 14 Tagen $\frac{14}{x}$ des Biervorrates trinken. Da der Mann allein den Eimer in 21 Tagen austrinken würde, würde er an einem Tag $\frac{1}{21}$ in 2 Tagen $\frac{2}{21}$, usw. und in 14 Tagen $\frac{14}{21}$ des Biervorrates trinken. Beide zusammen verbrauchen also in 14 Tagen $\frac{14}{x}+\frac{14}{21}$ des Biervorrates. Da dieser nach 14 Tagen aber erschöpft ist, muss diese Summe gleich 1 sein.

Ein quaderförmiges Schwimmbecken ist 12 m lang, 6 m breit und 2,5 m tief. Es soll bis 10 cm unter dem Rand mit Wasser gefüllt werden. Zwei Zuflüsse stehen zur Verfügung. Der erste liefert 20 m^3 Wasser pro Stunde, der zweite 16 m^3 pro Stunde. Beide Zuflüsse werden gleichzeitig in Betrieb genommen. Wie lange dauert es, bis das Schwimmbecken gefüllt ist?

1. Vorläufige Antwort:

Das Schwimmbecken ist nach x Stunden gefüllt.

2. Bestimmungsgleichung:

Der erste Zufluss liefert in x Stunden $20 \cdot x$ m^3, der zweite $16 \cdot x$ m^3 Wasser. Da das Becken nach x Stunden bis 10 cm unter dem Rand gefüllt ist, muss die Anzahl der von den beiden Zuflüssen in x Stunden gelieferten Kubikmeter gleich dem Volu-

$$20x + 16x = 12 \cdot 6 \cdot 2{,}4$$

$$36x = 12 \cdot 6 \cdot 2{,}4 \quad \| :36$$

$$x = \frac{12 \cdot 6 \cdot 2{,}4}{36}$$

$$x = 4{,}8$$

men eines 12 m langen, 6 m breiten und 2,4 m hohen Quaders sein.

3. Antwortsatz:

Das Schwimmbecken ist nach 4,8 Stunden = 4 Stunden 48 Minuten gefüllt.

4. Probe am Text:

In 4,8 Stunden liefert der erste Zufluss $4{,}8 \cdot 20\ m^3 = 96\ m^3$ Wasser.
In 4,8 Stunden liefert der zweite Zufluss $4{,}8 \cdot 16\ m^3 = 76{,}8\ m^3$ Wasser.
Beide zusammen liefern in 4,8 Stunden also
$96\ m^3 + 76{,}8\ m^3 = 172{,}8\ m^3$ Wasser.
Das Schwimmbecken fasst ebenfalls $172{,}8\ m^3$ Wasser, denn
$12\ m \cdot 6\ m \cdot 2{,}4\ m = 172{,}8\ m^3$.

8 Aus der Zeit um 100 v. Chr. stammt die folgende Aufgabe:
Eine Zisterne von 12 Raumeinheiten erhält Wasser durch 2 Röhren, deren eine in jeder Stunde eine, deren andere in jeder Stunde 4 Einheiten liefert. In welcher Zeit wird die Füllung der Zisterne von beiden Röhren gemeinsam bewirkt?

9 Ein quaderförmiges Schwimmbecken ist 50 m lang, 12 m breit und 2,7 m tief. Es soll bis 20 cm unter den Rand mit Wasser gefüllt werden. Zunächst wird ein Zufluss in Betrieb genommen, der pro Stunde 25 m^3 Wasser liefert. 5 Stunden später wird ein zweiter Zufluss dazugeschaltet, der pro Stunde 35 m^3 liefert. Wie lange dauert es, bis das Schwimmbecken gefüllt ist?

Anleitung: Wenn das Becken nach x Stunden gefüllt ist, dann war der erste Zufluss x Stunden in Betrieb, der zweite nur $(x - 5)$ Stunden.

10 Fünf Eingänge bzw. Ausgänge hat das Stadion des Fußballklubs Eintracht Ballfort. 75 000 Zuschauer haben das Schlagerspiel gegen den Tabellenführer Torschussia Nordbund bejubelt. Jetzt streben sie den Ausgängen zu. Wie lange dauert es mindestens, bis das Stadion leer ist, wenn durch den ersten Ausgang 500 Personen pro Minute, durch den zweiten Ausgang 600 Personen pro Minute, durch den dritten Ausgang 200 Personen pro Minute, durch den vierten Ausgang 300 Personen pro Minute und durch den fünften Ausgang 400 Personen pro Minute das Stadion verlassen können?

Anleitung: Es dauert mindestens x Minuten, bis alle Zuschauer das Stadion verlassen haben. In x Minuten können durch das erste Tor $500 \cdot x$, durch das zweite Tor $600 \cdot x$, durch das dritte Tor $200 \cdot x$, durch das vierte Tor $300 \cdot x$ und durch das fünfte Tor $400 \cdot x$ Zuschauer das Stadion verlassen. Die Summe aus diesen Beträgen muss gleich der Gesamtzahl der Zuschauer, also gleich 75 000 sein.

11 Das in der vorigen Aufgabe beschriebene, 75 000 Zuschauer fassende Stadion des Fußballklubs Eintracht Ballfort hat von der Baupolizei den Auftrag bekommen, einen sechsten Ausgang anzulegen, der so bemessen sein soll, dass das voll besetzte Stadion in 30 Minuten geleert sein kann. Wie viele Zuschauer müssen in einer Minute den sechsten Ausgang passieren können?

Kapitel 8

Geometrieaufgaben

Der Umfang eines gleichschenkligen Dreiecks beträgt 54 cm. Die beiden Schenkel sind zusammen 8-mal so lang wie die Basis. Wie lang sind die Dreieckseiten?

1. Vorläufige Antwort:

Bezeichnet man die Maßzahl der Basislänge mit x, dann muss man für die Maßzahl der Länge beider Schenkel zusammen $8 \cdot x$ schreiben.

Die Basis ist x cm lang, die beiden Schenkel sind zusammen 8x cm, jeder von ihnen ist also 4x cm lang.

2. Bestimmungsgleichung:

Wenn man die Maßzahlen der Längen von Basis und beiden Schenkeln addiert, dann erhält man die Maßzahl der Länge des Dreieckumfangs; sie soll gleich 54 sein.

$$x + 8x = 54$$
$$9x = 54 \quad \| :9$$
$$x = 6$$

3. Antwortsatz:

Die Basis ist 6 cm lang, die beiden Schenkel sind zusammen $8 \cdot 6$ cm = 48 cm, jeder von ihnen ist also 24 cm lang.

4. Probe am Text:

Der Dreiecksumfang beträgt 54 cm, denn
6 cm + 24 cm + 24 cm = 54 cm.
Die beiden Schenkel sind zusammen 8-mal so lang wie die Basis, denn 48 cm = $8 \cdot 6$ cm.

1 Der Umfang eines gleichschenkligen Dreiecks beträgt 30 cm. Jeder der beiden Schenkel ist 2,5-mal so lang wie die Basis. Wie lang sind die Dreieckseiten?

2 Der Umfang eines gleichschenkligen Dreiecks beträgt 35 cm. Die Basis des Dreiecks ist dreimal so lang wie die Hälfte eines Schenkels. Wie lang ist die Basis und wie lang ist jeder der beiden Schenkel?

Anleitung: Wenn man die Schenkellänge mit x cm bezeichnet, dann muss man für die Länge der Basis, die dreimal so lang ist wie die Hälfte eines Schenkels, $3 \cdot \frac{x}{2}$ cm schreiben.

3 Der Umfang eines Dreiecks beträgt 80 cm. Die 2. Seite ist 8 cm länger als die 1. Seite, die 3. Seite ist 11 cm kürzer als die 2. Seite. Wie lang sind die Dreieckseiten?

4 Der Umfang eines Rechtecks beträgt 116 m. Seine Breite ist 12 m kürzer als seine Länge. Wie lang und wie breit ist das Rechteck?

5 Der Umfang eines Sechsecks beträgt 189 cm. Jede folgende Seite ist **a)** um 2 cm größer als die vorhergehende Seite; **b)** zweimal so groß wie die vorhergehende Seite. Wie lang sind die Sechseckseiten?

6 In einem Dreieck ist die Länge der einen Seite gleich dem halben Umfang; die Länge der zweiten Seite ist gleich dem dritten Teil des Umfangs. Die dritte Seite ist 3 cm lang. Wie groß ist der Umfang und wie lang sind die Dreieckseiten?

In einem gleichschenkligen Dreieck ist der von den beiden Schenkeln gebildete Winkel dreimal so groß wie einer der beiden Basiswinkel. Wie groß sind die einzelnen Winkel in diesem Dreieck?

1. Vorläufige Antwort:

Bezeichnet man die Größe eines Basiswinkels mit x Grad, dann muss man für die Größe des von den beiden Schenkeln gebildeten dreimal so großen Winkels $3 \cdot x$ Grad schreiben.

Jeder der beiden Basiswinkel beträgt x Grad, der von den beiden Schenkeln gebildete Winkel beträgt 3x Grad.

2. Bestimmungsgleichung:

Die Summe der Innenwinkel eines Dreiecks beträgt 180°.

$$x + x + 3x = 180^\circ$$
$$5x = 180^\circ \quad \| :5$$
$$x = 36^\circ$$

3. Antwortsatz:

Jeder der beiden Basiswinkel beträgt 36°, der von den beiden Schenkeln gebildete Winkel beträgt $3 \cdot 36^\circ = 108^\circ$.

4. Probe am Text:

Der von den beiden Schenkeln gebildete Winkel ist dreimal so groß wie einer der beiden Basiswinkel, denn $108^\circ = 3 \cdot 36^\circ$. Zusammen sind die drei Winkel $36^\circ + 36^\circ + 108^\circ = 180^\circ$ groß.

7 Der von den beiden Schenkeln eines gleichschenkligen Dreiecks gebildete Winkel ist so groß wie die beiden Basiswinkel zusammen. Wie groß sind die einzelnen Dreieckswinkel?

8 Geometrieaufgaben

8 In einem Dreieck ist der 2. Winkel um 12° kleiner als der erste und der 3. Winkel um 12° kleiner als das Doppelte des 1. Winkels. Wie groß sind die drei Winkel?

9 Von zwei Nebenwinkeln ist der eine **a)** doppelt so groß, **b)** dreieinhalbmal so groß, **c)** halb so groß wie der andere. Wie groß sind die beiden Winkel?

Anleitung: Nebenwinkel ergänzen sich zu 180°.

10 Zwei Nebenwinkel verhalten sich wie 7 : 9. Wie groß sind sie? (Vergleiche das Beispiel auf S. 30 in Kapitel 2).

11 Die Winkel eines Dreiecks verhalten sich wie 2 : 5 : 9. Wie groß sind sie? (Vergleiche Aufgabe 44, Kapitel 2, S. 31).

Ein Rechteck ist $2\frac{1}{2}$-mal so lang wie breit. Verkürzt man die längere Seite um 5 m und verlängert man gleichzeitig die kürzere Seite um 6 m, so nimmt der Flächeninhalt um 110 m^2 zu. Wie lang sind die Seiten des ursprünglichen Rechtecks?

1. Vorläufige Antwort:

Bezeichnet man die Maßzahl der Länge der kürzeren Rechteckseite mit x, dann muss man für die Maßzahl der $2\frac{1}{2}$-mal so langen zweiten Rechteckseite $2\frac{1}{2}x$ schreiben.

Die kürzere Seite des ursprünglichen Rechtecks ist x, die längere Seite $2\frac{1}{2}x$ Meter lang.

2. Bestimmungsgleichung:

Die Maßzahlen der Seitenlängen des neuen Rechtecks erhält man, wenn man zur Maßzahl x der kürzeren Rechteckseite 6 addiert und von der Maßzahl $2\frac{1}{2}x$ der längeren Rechteckseite 5 subtrahiert. Der Flächeninhalt des neuen Rechtecks hat also die Maßzahl $\left(2\frac{1}{2}x-5\right)\cdot(x+6)$; sie ist um 110 größer als die Maßzahl $2\frac{1}{2}x\cdot x$ des Flächeninhalts des ursprünglichen Rechtecks.

$$\left(2\tfrac{1}{2}x-5\right)\cdot\left(x+6\right)=2\tfrac{1}{2}x\cdot x+110$$
$$2\tfrac{1}{2}x^2+10x-30=2\tfrac{1}{2}x^2+110 \quad \| -2\tfrac{1}{2}x^2$$
$$10x-30=110 \quad \| +30$$
$$10x=140 \quad \| :10$$
$$x=14$$

3. Antwortsatz:

Die kürzere Seite des ursprünglichen Rechtecks ist 14 m, die längere Seite $2\frac{1}{2}\cdot 14\,\text{m}=35\,\text{m}$ lang.

4. Probe am Text:

Die längere Seite des ursprünglichen Rechtecks ist $2\frac{1}{2}$-mal so lang wie die kürzere, denn $35\,\text{m}=2\frac{1}{2}\cdot 14\,\text{m}$.
Der Flächeninhalt des ursprünglichen Rechtecks beträgt $14\text{ m}\cdot 35\text{ m} = 490\text{ m}^2$. Der Flächeninhalt des neuen Rechtecks beträgt $(14\text{ m} + 6\text{ m})\cdot(35\text{ m} - 5\text{ m}) = 20\text{ m}\cdot 30\text{ m} = 600\text{ m}^2$. Er ist um 110 m^2 größer als der des ursprünglichen Rechtecks, denn $600\text{ m}^2 = 490\text{ m}^2 + 110\text{ m}^2$.

12 Ein Rechteck ist dreimal so lang wie breit. Verkürzt man die längere Seite um 5 cm und verlängert gleichzeitig die kürzere Seite um 5 cm, dann nimmt der Flächeninhalt um 35 cm² zu. Wie lang sind die Seiten des ursprünglichen Rechtecks?

13 Vergrößert man die Seite eines Quadrates um 2,7 m, so vergrößert sich sein Flächeninhalt um 69,39 m². Wie lang ist die Seite des ursprünglichen Quadrates?

14 Verkürzt man die Seite eines Quadrates um 0,8 m, so verkleinert sich sein Flächeninhalt um 15,04 m². Welche Seitenlänge hat das ursprüngliche Quadrat?

15 In einem Rechteck ist eine Seite 15 m länger als die andere. Verkürzt man die längere Seite um 9 m und verlängert man gleichzeitig die kürzere Seite um 6 m, so ändert sich der Flächeninhalt nicht. Wie lang sind die Seiten des ursprünglichen Rechtecks?

16 Die Seiten eines Dreiecks verhalten sich wie 3 : 4 : 5. Wie lang sind sie, wenn der Dreiecksumfang 45,6 cm beträgt? (Vergleiche Aufgabe 44, Kapitel 2).

Kapitel 9

Vermischte Aufgaben

Auf der Wiese am Dorfteich tummeln sich Hühner und Schweine. Sie haben zusammen 49 Köpfe und 142 Beine. Wie viele Hühner und wie viele Schweine sind es?

1. Vorläufige Antwort:

Da jedes Tier genau einen Kopf hat, handelt es sich um 49 Tiere. Bezeichnet man die Anzahl der Hühner mit x, dann ist die Anzahl der Schweine gleich der Differenz zwischen x und 49, also 49 – x.

Es sind x Hühner und 49 – x Schweine.

2. Bestimmungsgleichung:

Die x Hühner haben je 2 Beine, zusammen also 2 · x. Die 49 – x Schweine haben je 4 Beine, zusammen also 4 · (49 – x). Die Summe aus 2x und 4 · (49 – x) ist gleich der Gesamtzahl der Beine, muss also gleich 142 sein.

$$
\begin{aligned}
2x + 4(49 - x) &= 142 \\
2x + 196 - 4x &= 142 \\
196 - 2x &= 142 \quad \| +2x - 142 \\
54 &= 2x \\
27 &= x
\end{aligned}
$$

3. Antwortsatz:

Es sind 27 Hühner und 49 – 27 = 22 Schweine.

4. Probe am Text:

Die Tiere haben zusammen 27 + 22 = 49 Köpfe.
Die Hühner haben 27 · 2 = 54 Beine.
Die Schweine haben 22 · 4 = 88 Beine.
Alle Tiere zusammen haben 54 + 88 = 142 Beine.

9 Vermischte Aufgaben

1 Schon im Jahre 2000 v. Chr. wurden chinesische Schüler mit derartigen Aufgaben gequält, wie das folgende, aus jener Zeit stammende Beispiel zeigt:
In einem Käfig befinden sich Kaninchen und Fasane. Die Tiere haben zusammen 35 Köpfe und 94 Füße. Wie viele Kaninchen und wie viele Fasane befinden sich im Käfig?

2 Ein Hotel verfügt über 257 Betten in 155 Einbett- bzw. Zweibettzimmern. Wie viele Einzelzimmer und wie viele Doppelzimmer sind vorhanden?

3 Mit seinem Jahreszeugnis ist Nils recht zufrieden. Zwar hat er in keinem der 12 benoteten Fächer eine Eins erreicht, dafür verunzieren aber weder Vierer noch Fünfer oder gar Sechser sein Zeugnis. Sein Notendurchschnitt beträgt 2,25. Für wie viele Zweier kann Nils die von seinen Großeltern ausgesetzte Prämie von jeweils 5 DM kassieren?

4 Um seine Geburtstagsgäste zu verwöhnen, hat Herr Hankel eine Bowle gemixt. 3 Büchsen Ananas zu je 2,70 DM bilden die fruchtige Grundlage. Darüber gegossen wurde eine kleine Flasche Weinbrand zu 18 DM. Mit insgesamt 10 Flaschen Wein zum Preis von 3,40 bzw. 9,80 DM wurde die hochprozentige Grundlage dann aufgefüllt. Kurz vor dem Servieren wurden noch 2 Flaschen Sekt zu je 5,75 DM dazugeschüttet, um dem Getränk die spritzige Vollendung zu geben. Wie viele Flaschen Wein zu je 3,40 DM und wie viele zu je 9,80 DM wurden zur Bereitung der Bowle verwendet, wenn diese insgesamt 110 DM gekostet hat?

Anleitung: Bezeichnet man die Anzahl der 3,40 DM teuren Flaschen mit x, dann ist die Anzahl der 9,80 DM teuren Flaschen gleich der Differenz zwischen x und 10, also $10 - x$.
Die x Flaschen Wein zu je 3,40 DM kosten zusammen $x \cdot 3{,}40$ DM, die $(10 - x)$ Flaschen Wein zu je 9,80 DM kosten zusammen $(10 - x) \cdot 9{,}80$ DM. Die Summe aus diesen beiden Beträgen, vermehrt um die Kosten von Ananas, Weinbrand und Sekt, muss den Gesamtpreis der Bowle ergeben, also gleich 110 DM sein.

5 Für eine Klassenparty hat Sarah die Getränke besorgt: 100 Flaschen Orangen- bzw. Zitronenlimo. Die Flasche Orangenlimo kostet 45 Cent, die Flasche Zitronenlimo kostet 40 Cent. Insgesamt hat Sarah 43,50 € bezahlt. Wie viele Flaschen Orangenlimo und wie viele Flaschen Zitronenlimo hat Sarah gekauft?

6 In der Postausgangsstelle einer Behörde werden insgesamt 322 Briefe und Postkarten versandfertig gemacht. Ein Brief kostet 1,10 DM, eine Postkarte 1 DM Porto. Um wie viele Briefe und wie viele Postkarten handelt es sich, wenn das Porto insgesamt 350,40 DM ausmacht?

7 Eine feuchtfröhliche Aufgabe von Leonhard Euler (schweizerischer Mathematiker; 1707–1783):
20 Personen, Männer und Frauen, besuchen ein Gasthaus. Ein Mann gibt 8 Groschen, eine Frau 7 Groschen aus, und die ganze Zeche beläuft sich auf 6 Reichsthaler. Nun ist die Frage, wie viele Männer und Frauen es sind (1 Reichsthaler = 24 Groschen).

9 Vermischte Aufgaben

Ein Bild kostet zusammen mit dem Rahmen 135 DM. Das Bild allein kostet 100 DM mehr als der Rahmen. Wie viel kostet der Rahmen und wie viel kostet das Bild?

1. Vorläufige Antwort:

Bezeichnet man den in DM ausgedrückten Preis des Rahmens mit x, dann muss man für den Preis des um 100 DM teureren Bildes x + 100 schreiben.

Der Rahmen kostet x DM, das Bild kostet (x + 100) DM.

2. Bestimmungsgleichung:

Die Summe aus dem Preis für den Rahmen und dem Preis für das Bild muss 135 DM betragen.

$$\begin{aligned} x+(x+100) &= 135 \\ 2x+100 &= 135 \quad \| -100 \\ 2x &= 35 \quad \| :2 \\ x &= 17{,}5 \end{aligned}$$

3. Antwortsatz:

Der Rahmen kostet 17,50 DM, das Bild kostet 17,50 DM + 100 DM = 117,50 DM.

4. Probe am Text:

Das Bild kostet mit 117,50 DM genau 100 DM mehr als der Rahmen, denn 117,50 DM = 17,50 DM + 100 DM.

8 Eine Halskette kostet einschließlich Perlenanhänger 285,50 €. Der Anhänger kostet 196 € mehr als die Kette. Wie teuer ist die Kette, wie teuer ist der Anhänger?

9 In einer Klasse mit insgesamt 36 Schülern sind ein Viertel mehr Buben als Mädchen. Wie viele Buben und wie viele Mädchen besuchen die Klasse?

Anleitung: Multipliziert man die Anzahl x der Mädchen mit $\frac{5}{4}\left(=1+\frac{1}{4}\right)$, dann erhält man die Anzahl (36 – x) der Buben.

Dreimal so viele Mütter wie Väter quetschen sich zu Beginn des Elternabends in die engen Schulbänke ihrer Sprösslinge. Während der Begrüßung durch die Klassenlehrerin vergrößert sich der Kreis der Anwesenden um 6 zu spät kommende Ehepaare. Daraufhin ist die Anzahl der anwesenden Mütter nur noch doppelt so groß wie die der Väter. Wie viele Mütter und wie viele Väter waren pünktlich zu Beginn des Elternabends anwesend?

1. Vorläufige Antwort:

Bezeichnet man die Anzahl der zu Beginn des Elternabends anwesenden Väter mit x, dann muss man für die dreimal so große Anzahl der anwesenden Mütter 3 · x schreiben.

Zu Beginn des Elternabends waren x Väter und 3 · x Mütter anwesend.

2. Bestimmungsgleichung:

Nachdem 6 Ehepaare, also 6 Mütter und 6 Väter hinzukamen, betrug die Anzahl der Väter x + 6, die Anzahl der Mütter 3 · x + 6. Da die Anzahl der Mütter dann doppelt so groß war wie die der Väter, muss man die Anzahl der Väter mit 2 multiplizieren, um die Anzahl der Mütter zu erhalten.

$$
\begin{aligned}
(x+6)\cdot 2 &= 3x+6 \\
2x+12 &= 3x+6 \quad \| -2x-6 \\
6 &= x
\end{aligned}
$$

3. Antwortsatz:

Zu Beginn des Elternabends waren 6 Väter und 3 · 6 = 18 Mütter anwesend.

4. Probe am Text:

Es waren anfangs dreimal so viele Mütter wie Väter anwesend, denn 18 = 3 · 6.

Nachdem 6 Ehepaare, also 6 Väter und 6 Mütter dazugekommen waren, betrug die Anzahl der anwesenden Mütter $18 + 6 = 24$, die Anzahl der anwesenden Väter $6 + 6 = 12$. Damit waren aber nur noch doppelt so viele Mütter wie Väter anwesend, denn $24 = 2 \cdot 12$.

10 Susanne bekommt dreimal so viel Taschengeld wie ihr jüngerer Bruder Tobias. In einem Zustand unerwarteter Großzügigkeit erhöht der Vater, anlässlich seiner eigenen Gehaltserhöhung, das Taschengeld seiner Kinder um je 10 DM. Jetzt bekommt Susanne nur noch zweieinhalbmal so viel Taschengeld wie Tobias. Wie hoch war das Taschengeld der beiden Kinder vor der Erhöhung?

Mit großem Hallo wird Herr Hilbert begrüßt, als er zur Kindergeburtstagsparty seines Enkels David mit einem Karton voller Schokoküsse erscheint. Wie viele Schokoküsse er denn mitgebracht habe, will das Geburtstagskind wissen. „Wollte ich jedem von euch 5 Schokoküsse geben, dann würde ein Kind leer ausgehen", versucht Herr Hilbert die Rechenlust der versammelten Kinderschar zu wecken, „gebe ich aber jedem von euch 4 Schokoküsse, dann bleibt genau einer für mich übrig!" Wie viele Kinder sind auf der Party und wie viele Schokoküsse hat Herr Hilbert mitgebracht?

1. Vorläufige Antwort:

Wenn jedes Kind 4 Schokoküsse erhält, dann bleibt genau einer für Herrn Hilbert übrig. Die Anzahl der Schokoküsse ist also um 1 größer als die vierfache Anzahl der Kinder. Bezeichnet man die Anzahl der Kinder mit x, dann muss man für die Anzahl der Schokoküsse $4 \cdot x + 1$ schreiben.

Es sind x Kinder auf der Party; Herr Hilbert hat $4x + 1$ Schokoküsse mitgebracht.

2. Bestimmungsgleichung:

Wenn die Party einen Teilnehmer weniger hätte, wenn die Schokoküsse also nur unter (x − 1) Kinder aufgeteilt werden müssten, dann könnte jedes Kind 5 Stück bekommen. Also muss die Anzahl der Schokoküsse gleich dem Fünffachen der um 1 verminderten Anzahl der Kinder sein. Es sind demnach $5 \cdot (x-1)$ Schokoküsse.
Dieser Term muss gleich dem in der vorläufigen Antwort formulierten Term $4x + 1$ sein, da bei beiden Verteilungsarten die Gesamtzahl der Schokoküsse die gleiche ist.

$$\begin{aligned} 5\cdot(x-1) &= 4x+1 \\ 5x-5 &= 4x+1 \quad \| -4x+5 \\ x &= 6 \end{aligned}$$

3. Antwortsatz:

Es sind 6 Kinder auf der Party; Herr Hilbert hat $4 \cdot 6 + 1 = 25$ Schokoküsse mitgebracht.

4. Probe am Text:

Wollte man jedem Kind 5 Schokoküsse geben, dann würde eines der 6 Kinder leer ausgehen, denn $25 : 5 = 5$.
Gibt man jedem Kind 4 Schokoküsse, dann bleibt genau ein Schokokuss übrig, denn $25 - 4 \cdot 6 = 25 - 24 = 1$.

11 Die Schüler einer Arbeitsgemeinschaft sollen in einem Fachraum auf eine Anzahl von Bänken verteilt werden. Kommen auf jede Bank 5 Schüler, so fehlt ein Platz. Kommen aber auf jede Bank 6 Schüler, so bleiben 10 Plätze frei. Wie viele Bänke und wie viele Schüler sind es?

12 Zum Abschluss des Tages der offenen Tür auf dem Reiterhof sollen noch einmal alle vorhandenen Pferde und alle vorhandenen Wagen an den Zuschauern vorbeiziehen. Zwei Möglichkeiten stehen dabei zur Auswahl: Fährt man vierspännig, dann können 5 einzelne Reiter den Wagenzug anführen. Versucht mans dagegen sechsspännig, dann bleiben keine Pferde für die Reiter übrig und der letzte Wagen muss sich mit 5 Pferden begnügen. Über wie viele Pferde und wie viele Wagen verfügt der Reiterhof?

13 Auf erfreuliche Zustände im alten Athen lässt die folgende aus der Antike überlieferte Aufgabe schließen: Ein reicher Athener ließ zu einem Gastmahl 13 Ochsen und 31 Schafe schlachten. Der Gesamtpreis der Schlachttiere betrug 166 Drachmen. Ein Ochse ist um 6 Drachmen teurer als ein Schaf. Wie viele Drachmen kostet ein Schaf und wie viele Drachmen kostet ein Ochse?

Beim Fußballturnier um die Schulmeisterschaft haben Murad und Markus, die beiden Stars der Klasse 8 b, zusammen 28 Tore geschossen. Hätte Markus 3 Treffer mehr und Murad einen Treffer weniger erzielt, dann wären beide gleich oft erfolgreich gewesen. Wie viele Tore hat jeder der beiden erzielt?

1. Vorläufige Antwort:	
Bezeichnet man die Anzahl der von Markus geschossenen Tore mit x, dann ist die Anzahl der von Murad geschossenen Tore gleich dem Unterschied, zwischen x und 28, also 28 – x.	Markus hat x, Murad 28 – x Tore geschossen.
2. Bestimmungsgleichung:	
Hätte Markus 3 Tore mehr geschossen, dann wäre seine Trefferzahl x + 3. Hätte Murad 1 Tor weniger geschossen, dann wäre seine Trefferzahl (28 – x) –1. Beide Trefferzahlen wären in einem solchen Fall gleich.	$x+3=(28-x)-1$ $x+3=27-x \quad \| +x-3$ $2x=24 \quad \| :2$ $x=12$

3. Antwortsatz:

Markus hat 12, Murad hat 16 Tore geschossen.

4. Probe am Text:

Beide zusammen haben 28 Tore geschossen, denn $28 = 12 + 16$.
Wenn Markus 3 Tore mehr geschossen hätte, dann hätte er $12 + 3 = 15$ Treffer erzielt.
Wenn Murad 1 Tor weniger geschossen hätte, dann hätte er $16 - 1 = 15$ Treffer erzielt, also genauso viele wie Markus.

14 Berechne das vorige Beispiel für den Fall, dass beide Schüler zusammen **a)** 22 Tore; **b)** 34 Tore geschossen haben.

Italien oder Frankreich soll das Ziel der Klassenfahrt sein. Eine erste Probeabstimmung ergibt eine knappe Mehrheit von 2 Stimmen für Frankreich. Bernard Bolzano, der Italienfan, meldet sich zu Wort und plädiert so überzeugend für Italien, dass sich 6 Schüler, die zuvor für Frankreich gestimmt hatten, auf die Seite der Italienfreunde schlugen. Die Schlussabstimmung ergab dann doppelt so viele Stimmen für Italien wie für Frankreich. Es gab keine Stimmenthaltung, weder bei der Probeabstimmung noch bei der Schlussabstimmung. Wie viele Schüler hat die Klasse?

1. Vorläufige Antwort:

Die Klasse hat x Schüler.

2. Bestimmungsgleichung:

Da sich bei der Probeabstimmung eine Mehrheit von 2 Stimmen für Frankreich ergab, stimmten $\frac{x}{2} + 1$ Schüler für Frankreich und $\frac{x}{2} - 1$ Schüler für Italien. Bei der Schlussabstimmung nahm die Zahl der Frankreichstimmen um 6 auf $\frac{x}{2} + 1 - 6$ ab, die Zahl der Italienstimmen um 6 auf $\frac{x}{2} - 1 + 6$ zu. Da die Anzahl der Italienstimmen doppelt so groß ist wie die der Frankreichstimmen, muss man Letztere mit 2 multiplizieren, um Erstere zu erhalten.

$$
\begin{aligned}
2 \cdot \left(\frac{x}{2} + 1 - 6\right) &= \frac{x}{2} - 1 + 6 \\
2 \cdot \left(\frac{x}{2} - 5\right) &= \frac{x}{2} + 5 \\
x - 10 &= \frac{x}{2} + 5 && \| +10 - \frac{x}{2} \\
\frac{x}{2} &= 15 && \| \cdot 2 \\
x &= 30
\end{aligned}
$$

3. Antwortsatz:

Die Klasse hat 30 Schüler.

4. Probe am Text:

Bei der Probeabstimmung stimmten 15 + 1= 16 Schüler für Frankreich und 15 – 1 = 14 Schüler, also 2 weniger, für Italien. Bei der Schlussabstimmung stimmten 16 – 6 = 10 Schüler für Frankreich und 14 + 6 = 20 Schüler, also doppelt so viele, für Italien.

15 Bearbeite das vorige Beispiel für den Fall, dass 8 Schüler ihre Meinung ändern.

16 Bearbeite das Beispiel für den Fall, **a)** dass sich bei der Probeabstimmung ein Schüler der Stimme enthält, der bei der Schlussabstimmung aber dann für Italien stimmt; **b)** dass sich bei der Probeabstimmung ein Schüler der Stimme enthält, der bei der Schlussabstimmung aber dann für Frankreich stimmt.

Anleitung: Bei der Probeabstimmung entschieden sich $\frac{x-1}{2}+1$ Schüler für Frankreich und $\frac{x-1}{2}-1$ Schüler für Italien.

17 Bearbeite das vorherige Beispiel für den Fall, **a)** dass sich bei der Schlussabstimmung ein Schüler der Stimme enthält, der zuvor für Italien gestimmt hat; **b)** dass sich bei der Schlussabstimmung ein Schüler der Stimme enthält, der zuvor für Frankreich gestimmt hat.

In einer Mathematikarbeit haben 2 Schüler die Note 1, 6 Schüler die Note 2, 12 Schüler die Note 3, 5 Schüler die Note 4 und 1 Schüler die Note 5 geschrieben. Wie viele Schüler haben die Note 6 bekommen, wenn die Durchschnittsnote 3,3 beträgt?

1. Vorläufige Antwort:

Die Note 6 haben x Schüler bekommen.

2. Bestimmungsgleichung:

Die Durchschnittsnote erhält man, wenn man die Summe aller in der Klasse erzielten Noten durch die Anzahl der Schüler teilt, die die Mathematikarbeit mitgeschrieben haben. Im vorliegenden Falle ist die Notensumme gleich $\mathbf{2}\cdot 1+\mathbf{6}\cdot 2+\mathbf{12}\cdot 3+\mathbf{5}\cdot 4+\mathbf{1}\cdot 5+\mathbf{x}\cdot 6$. Die Anzahl der Schüler beträgt $2+6+12+5+1+x$. Die Durchschnittsnote ist gleich dem Quotienten aus diesen beiden Termen. Sie soll gleich 3,3 sein.

$$\frac{2\cdot 1+6\cdot 2+12\cdot 3+5\cdot 4+1\cdot 5+x\cdot 6}{2+6+12+5+1+x}=3{,}3$$

$$\frac{75+6x}{26+x}=3{,}3 \qquad \|\cdot(26+x)$$

$$75+6x=3{,}3(26+x)$$

$$75+6x=85{,}8+3{,}3x \qquad \|-3{,}3x-75$$

$$2{,}7x=10{,}8 \qquad \|:2{,}7$$

$$x=4$$

3. Antwortsatz:

Die Note 6 haben 4 Schüler bekommen.

4. Probe am Text:

Wenn 4 Schüler die Note 6 erhalten, dann ergibt sich die Durchschnittsnote 3,3, denn

$$\frac{2\cdot 1+6\cdot 2+12\cdot 3+5\cdot 4+1\cdot 5+4\cdot 6}{2+6+12+5+1+4}=\frac{99}{30}=3{,}3$$

18 In einer Mathematikarbeit haben 2 Schüler die Note 1, 4 Schüler die Note 2, 6 Schüler die Note 4, 3 Schüler die Note 5 und 1 Schüler die Note 6 geschrieben. Wie viele Schüler haben eine 3 geschrieben, wenn die Durchschnittsnote **a)** 3,25; **b)** 3,2 beträgt?

Eine teuflische Angelegenheit:
Zu einem armen Manne, der ihn in seiner Not um Hilfe bat, sprach der Teufel: „Jedes Mal, wenn du über diese Brücke gehst, will ich das Geld, das du bei dir trägst, verdoppeln. Gehst du aber zurück, dann musst du jedes Mal 8 Taler für mich ins Wasser werfen.“ Im Glauben, ein gutes Geschäft zu machen, ging der Mann über die Brücke und wieder zurück; er ging ein zweites Mal über die Brücke und wieder zurück. Als er schließlich zum dritten Mal über die Brücke ging und beim Zurückkehren 8 Taler ins Wasser warf, stellte er mit Entsetzen fest, dass er nun kein Geld mehr besaß. Wie viele Taler trug der Mann anfangs bei sich?

1. Vorläufige Antwort:

Der Mann trug anfangs x Taler bei sich.

2. Bestimmungsgleichung:

Nach dem erstmaligen Überschreiten der Brücke hatte der Mann 2 · x Taler in der Tasche, nach der Rückkehr (2x – 8) Taler. Nachdem er die Brücke zum zweiten Mal überschritten hatte, besaß er 2 · (2x – 8) Taler, nach der Rückkehr [2(2x – 8) – 8] Taler. Nachdem er schließlich die Brücke zum dritten Mal überschritten hatte, besaß er {2[2(2x – 8) – 8]} Taler in der Tasche und nach der dritten Rückkehr {2[2(2x – 8) – 8] – 8} Taler. Da er nach der dritten Rückkehr aber kein Geld mehr besaß, muss dieser Term gleich null sein.

$$2\cdot\left[2(2x-8)-8\right]-8=0$$
$$2[4x-24]-8=0$$
$$8x-48-8=0$$
$$8x-56=0 \quad \| +56$$
$$8x=56 \quad \| :8$$
$$x=7$$

3. Antwortsatz:

Der Mann trug anfangs 7 Taler bei sich.

4. Probe am Text:

Beim ersten Mal ging der Mann mit 7 Talern über die Brücke, kam mit 2 · 7 = 14 Talern drüben an und hatte nach der Rückkehr 14 – 8 = 6 Taler in der Tasche. Beim zweiten Mal ging der Mann mit 6 Talern über die Brücke, kam mit 2 · 6 = 12 Talern drüben an und hatte nach der Rückkehr 12 – 8 = 4 Taler in der Tasche. Beim dritten Mal ging der Mann mit 4 Talern über die Brücke, kam mit 2 · 4 = 8 Talern drüben an und hatte nach der Rückkehr kein Geld mehr, denn die 8 Taler musste er ja ins Wasser werfen.

19 Berechne die vorstehende Aufgabe für den Fall, **a)** dass der arme Mann bereits dann kein Geld mehr hat, wenn er zweimal hin- und zurückgegangen ist; **b)** dass der arme Mann erst dann pleite ist, wenn er viermal hin- und zurückgegangen ist.

20 Berechne das vorige Beispiel für den Fall, dass der arme Mann beim Zurückgehen jedes Mal 10 Taler ins Wasser werfen muss.

9 Vermischte Aufgaben

Aus dem altägyptischen Alltag ist die folgende Aufgabe überliefert:
Ein Schuhmacher vermag an einem Tage entweder 15 Sandalen aus dem Rohmaterial zuzuschneiden oder 10 Sandalen aus bereits zugeschnittenen Teilen zusammenzunähen. Wie viele vollständige Sandalen kann er an einem Tage aus noch nicht zugeschnittenem Rohmaterial herstellen?

1. Vorläufige Antwort:

Der Schuhmacher kann an einem Tage x vollständige Sandalen herstellen.

2. Bestimmungsgleichung:

Zum Zuschneiden einer Sandale benötigt der Schuhmacher $\frac{1}{15}$ Tag, zum Zuschneiden von 2 Sandalen $\frac{2}{15}$ Tage und zum Zuschneiden von x Sandalen $\frac{x}{15}$ Tage. Zum Zusammennähen einer Sandale benötigt der Schuhmacher $\frac{1}{10}$ Tag, zum Zusammennähen von 2 Sandalen $\frac{2}{10}$ Tage und zum Zusammennähen von x Sandalen $\frac{x}{10}$ Tage. Zur vollständigen Herstellung von einer Sandale benötigt er somit $\left(\frac{1}{15}+\frac{1}{10}\right)$ Tage, zur kompletten Produktion von 2 Sandalen $\left(\frac{2}{15}+\frac{2}{10}\right)$ Tage und zur vollständigen Herstellung von x Sandalen $\left(\frac{x}{15}+\frac{x}{10}\right)$ Tage. Diese Summe muss gleich 1 sein, da die x Sandalen in genau einem Tag hergestellt werden sollen.

$$\frac{x}{15}+\frac{x}{10}=1 \quad \| \cdot 30$$
$$2x+3x=30$$
$$5x=30 \quad \| :5$$
$$x=6$$

3. Antwortsatz:

Der Schuhmacher kann an einem Tag 6 vollständige Sandalen herstellen.

4. Probe am Text:

Zum Zuschneiden von 6 Sandalen benötigt der Schuhmacher $\frac{6}{15}$ Tage = $\frac{2}{5}$ Tage.
Zum Zusammennähen der 6 zugeschnittenen Sandalen braucht er $\frac{6}{10}$ Tage = $\frac{3}{5}$ Tage.
Zur vollständigen Herstellung von 6 Sandalen benötigt er einen Tag, denn $\frac{2}{5}$ Tage + $\frac{3}{5}$ Tage = 1 Tag.

Ein rascher Rufmord:
„Ich will ja nichts gesagt haben, aber die Daniela hat etwas mit Hasch zu tun", flüstert ein Mitschüler des absolut unschuldigen Mädchens zu Schulbeginn um 8 Uhr einem Freund zu. Dieser hat nichts Wichtigeres zu tun, als die vermeintliche Sensation im Laufe der nächsten Viertelstunde an drei seiner Schulkameraden weiterzuerzählen. Diese drei wiederum tischen innerhalb der folgenden Viertelstunde je drei weiteren Schülern das infame Gerücht auf. In gleicher Weise wird die haltlose Verdächtigung von Viertelstunde zu Viertelstunde an noch nicht informierte Schüler weitergetragen. In welcher Zeit wäre unter diesen Umständen Danielas guter Ruf bei allen 623 Schülern des Schnellrichtstädter Gymnasiums ruiniert?

1. Vorläufige Antwort:

Nach spätestens x Viertelstunden ist das Gerücht allen 623 Schülern zu Ohren gekommen.

2. Bestimmungsgleichung:

Nach der 1. Viertelstunde kennen außer dem Urheber selbst 3 Schüler das Gerücht; innerhalb der 2. Viertelstunde werden $3 \cdot 3 = 3^2$ Schüler neu informiert. Am Ende der 2. Viertelstunde kennen also $1 + 3 + 3^2$ Schüler das Gerücht. Innerhalb der 3. Viertelstunde werden $3^2 \cdot 3 = 3^3$ Schüler neu informiert. Am Ende der 3. Viertelstunde kennen somit $1 + 3 + 3^2 + 3^3$ Schüler und am Ende der x-ten Viertelstunde $1 + 3 + 3^2 + 3^3 + \ldots + 3^x$ Schüler das Gerücht. Diese Summe soll mindestens gleich 623 sein.

$$1 + 3 + 3^2 + 3^3 + \ldots + 3^x \geqq 623$$

Durch Probieren findet man $x \geqq 6$.

3. Antwortsatz:

Nach 6 Viertelstunden, also nach $1\frac{1}{2}$ Stunden, ist das Gerücht allen 623 Schülern bekannt.

4. Probe am Text:

Nach 6 Viertelstunden würden
$1 + 3 + 3^2 + 3^3 + 3^4 + 3^5 + 3^6 = 3 + 9 + 27 + 81 + 243 + 729 = 1093$ Schüler das Gerücht kennen; nach 5 Viertelstunden wären es dagegen nur $1093 - 729 = 364$ Schüler gewesen.

21 Berechne die vorstehende Aufgabe für den Fall, **a)** dass das Gerücht alle 5 Minuten weitergegeben wird; **b)** alle 10 Minuten an 2 noch nicht informierte Schüler weitergegeben wird.

Kapitel 10

Lösungen

Zu den Aufgaben des 1. Kapitels

1 **a)** {3}; **b)** {1}; **c)** {3}; **d)** {23}; **e)** {4,25}.

2 **a)** {17}; **b)** {12}; **c)** {0}; **d)** {–4}; **e)** {–11}.

3 **a)** {72}; **b)** {288}; **c)** {5}; **d)** {2}; **e)** {20}.

Zu den Aufgaben des 2. Kapitels

1 $x + (x + 1) + (x + 2) = 669$;
a) 222; 223; 224; **b)** 1234; 1235; 1236; **c)** 5555; 5556; 5557.

2 $x + (x + 1) + (x + 2) + (x + 3) + (x + 4) = 70$;
a) 12 … 16; **b)** 333 … 337; **c)** 5003 … 5007.

3 $x + (x + 2) + (x + 4) = 222$;
a) 72; 74; 76; **b)** 220; 222; 224; **c)** 3456; 3458; 3460.

4 $x + (x + 2) + (x + 4) + (x + 6) + (x + 8) = 180$;
a) 32; 34 … 40; **b)** 540; 542 … 548; **c)** 3456; 3458 … 3464.

5 $x + (x + 2) + (x + 4) + (x + 6) = 88$;
a) 19; 21; 23; 25; **b)** 415; 417; 419; 421; **c)** 1739; 1741; 1743; 1745.

6 $x + (x + 2) + (x + 4) + (x + 6) + (x + 8) = 135$;
a) 23; 25 … 31; **b)** 333; 335 … 341; **c)** 9999; 10 001 … 10 007.

7 $x + (x + 6) + (x + 12) = 216$; 66; 72; 78.

8 $x + (x + 11) + (x + 22) + (x + 33) = 418$;
a) 88; 99; 110; 121; **b)** 561; 572; 583; 594; **c)** 792; 803; 814; 825.

9 $x + (x + 9) + (x + 18) + (x + 27) + (x + 36) = 405$;
a) 63; 72; 81; 90; 99; **b)** 180; 189; 198; 207; 216;
c) 369; 378; 387; 396; 405.

10 Lösungen

10 $x + (x + 15) = 481$; 233 und 248.

11 Dagegen sind x Lehrer, dafür sind $(x + 14)$ Lehrer.
$x + (x + 14) = 32$; dagegen: 9 Lehrer, dafür: 23 Lehrer.

12 Dagegen: x Lehrer, dafür $(x + 14)$ Lehrer.
$x + (x + 14) + 4 = 32$; dagegen: 7 Lehrer, dafür: 21 Lehrer.

13 $x + (x + 12) + (x + 24) + (x + 36) = 172$; 25; 37; 49; 61.

14 Die beiden Zahlen heißen x und $(x + 91)$. $x + (x + 91) = 333$; 121 und 212.

15 $x + 2x + (x + 2x) = 102$; 17; 34; 51.

16 Die zweite Zahl ist x. $(x - 5) + x + (x + 12) + (x + 12 + 7) = 74$; 7; 12; 24; 31.

17 $x + (x + 4) + 2(x + 4) + [x + (x + 4)] = 70$;
Fortuna: 9; Ballsruhe: 13; St. Fouly: 26; Werda: 22.

18 Er hat x Pferde. $x + 8x + 3{,}5 \cdot 8x = 555$; 15 Pferde, 120 Rinder, 420 Schafe.

19 $8x + 4 = 10x - 10$; 7.

20 $18x - 3(x - 15) = 390$; 23.

21 $18x - (3x - 15) = 390$; 25.

22 $(7x + 2{,}5x) : 6 = 19$; 12.

23 Die gedachte Zahl heißt x. $(x + 3) \cdot 6 - 7 = 53$; 7.

24 Die gedachte Zahl ist x. $(x - 5) \cdot 3 + 8 = 2x$; 7.

25 **a)** $x + \frac{1}{2}x = 54$; 36 und 18; **b)** $x + 3x = 54$; 13,5 und 40,5;
c) $x + 17x = 54$; 3 und 51.

26 **a)** $x = 6 \cdot (\frac{x}{2} - 4)$; 12; **b)** $x = 5x - 18$; 4,5; **c)** $x = (3x - 5) : 2$; 5.

27 $12x + 8(x + 5) = 140$; 5.

28 $\frac{x}{2} + \frac{x}{4} + \frac{x}{8} = 77$; 88.

29 $(\frac{x}{2} + \frac{x}{3} + \frac{x}{6} + \frac{x}{8}) - 2 = x$; 16.

30 $\frac{x}{3} + \frac{x}{4} + \frac{x}{5} = 70{,}5$; 90.

31 $\frac{x}{2} + \frac{x}{3} = x - 5\frac{1}{2}$; 33.

32 $\frac{x}{3} + \frac{x}{4} + \frac{x}{6} = x - 12$; 48.

33 Pythagoras hat x Jünger. $\frac{x}{2} + \frac{x}{4} + \frac{x}{7} + 3 = x$; 28 Jünger.

34 Es sind x Perlen. $\frac{x}{8}+\frac{x}{6}+\frac{x}{3}+\frac{x}{12}+21=x$; 72 Perlen.

35 Es waren x Lotosblumen. $\frac{x}{3}+\frac{x}{5}+\frac{x}{6}+\frac{x}{4}+6=x$; 120 Lotosblumen.

36 $\frac{x}{12}+\frac{2}{9}x+\frac{x}{3}+\frac{5}{18}x+3=x$; 36 Schüler.

37 Das Buch hat x Seiten. $\frac{2}{3}x+\frac{3}{16}x+\frac{5}{72}x+22=x$; 288 Seiten.

38 Der Pfeiler ist x m lang. $\frac{3}{11}x+\frac{2}{3}x+1{,}2=x$; 19,8 m.

39 Es sind x Gänse. $2x+\frac{x}{2}+\frac{x}{4}+1=100$; 36 Gänse.

40 **a)** $(x+15)^2-x^2=1035$; 27 und 42; **b)** 39 und 54; **c)** 115 und 130.

41 $(20-x)^2-x^2=120$; 7 und 13.

42 Die beiden Zahlen sind 7x und 5x.
a) $7x+5x=84$; 49 und 35; **b)** 147 und 105; **c)** 525 und 375.

43 Die beiden Zahlen sind 11x und 5x.
a) $11x-5x=42$; 77 und 35; **b)** 275 und 125; **c)** 396 und 180.

44 Die drei Zahlen sind 5x, 7x und 8x. $5x+7x+8x=100$; 25, 35 und 40.

45 Henrik erhält $14\cdot x$ DM, Niels $12\cdot x$ DM und Lena $8\cdot x$ DM.
$14x+12x+8x=85$; Henrik: 35 DM, Niels: 30 DM, Lena: 20 DM.

46 Henrik erhält $16\cdot x$ DM, Niels $14\cdot x$ DM und Lena $10\cdot x$ DM.
$16x+14x+10x=85$; Henrik: 34 DM, Niels: 29,75 DM, Lena: 21,25 DM.

47 Henrik erhält $18\cdot x$ DM, Niels $16\cdot x$ DM und Lena $12\cdot x$ DM.
$18x+16x+12x=115$; Henrik: 45 DM, Niels: 40 DM, Lena: 30 DM.

48 Herr Abel bekommt $55\cdot x$ DM, Frau Banach $85\cdot x$ DM,
Herr Cantor $43\cdot x$ DM und Herr Dedekind $67\cdot x$ DM.
$55x+85x+43x+67x=35\,250$; Abel: 7755 DM, Banach: 11 985 DM,
Cantor: 6063 DM, Dedekind: 9447 DM.

49 $25\cdot x=7995$; Simplex amanda: 7995 €; Solidy super: 14 391 €;
Snoby bombasto: 39 975 €; Granata mortale: 84 747 €.

50 Die Hunderterziffer ist x, die Zahl ist $100 \cdot x + 90$.
$100x + 90 = 55(x + 9)$; 990.

51 $10x + 8 = 2(x + 8)$; 18.

52 Die Einerziffer ist x, die Zehnerziffer ist $(10 - x)$, die Zahl ist $10 \cdot (10 - x) + x$.
$10 \cdot (10 - x) + x = 3\,[10x + (10 - x)] - 2$; 28.

53 Die Zehnerziffer ist x, die Zahl ist $10x + 5$. $(10x + 5) + 27 = 5 \cdot 10 + x$; 25.

54 Die Zehnerziffer ist x, die Einerziffer ist genauso groß wie die Hunderterziffer. Beide sind 2x. $2x + x + 2x = 20$; 848.

55 Die Zehnerziffer ist x. $100 \cdot 3 + 10x + 3 = 100x + 10 \cdot 3 + 3 - 90$; 343.

56 Die Zehnerziffer ist x, die Hunderterziffer ist $(x + 3)$, die Einerziffer ist $(x - 5)$, die Zahl selbst ist $100(x + 3) + 10x + (x - 5)$.
$100(x + 3) + 10x + (x - 5) = 170x$; 850.

57 Einer- und Tausenderziffer sind x, Zehner- und Hunderterziffer sind $(x + 5)$.
$1000x + 100(x + 5) + 10(x + 5) + x = 154(4x + 10)$; 2772.

58 $\frac{3 + x}{5 + x} = \frac{6}{7}$; 9.

59 $\frac{25 - x}{27 - x} = \frac{3}{4}$; 19.

60 $\frac{15 + x}{17 - x} = 1\frac{2}{3}$; 5.

Zu den Aufgaben des 3. Kapitels

1

	a)	**b)**	**c)**
Felix	5	15	30
Sophie	27	37	52
Herr Klein	53	63	78

2 $(x - 10) + x + (x + 2) + (x + 6) + (x + 7) = 75$;
Benjamin: 4, Christoph: 14, Markus: 16, Daniela: 20, Andrea: 21.

3 Die Mutter ist x Jahre alt, der Vater $(x + 7)$ Jahre. $x + (x + 7) + 75 = 164$;
Mutter: 41, Vater: 48.

4 Herr Pringsheim ist x Jahre alt. $x + (x - 25) + (x + 35) = 130$;
Sohn: 15, Herr Pringsheim: 40, Herrn Pringsheims Vater: 75.

5 Vor x Jahren. $4 \cdot (18 - x) = 36 - x$; vor 12 Jahren.

6 **a)** $3 \cdot (14 - x) = 28 - x$; vor 7 Jahren.
b) $3 \cdot (24 - x) = 48 - x$; vor 12 Jahren.

7 **a)** $30 + x = 3 \cdot (6 + x)$; in 6 Jahren. **b)** $30 + x = 2 \cdot (6 + x)$; in 18 Jahren.

8 $(x - 10) \cdot 4 = (65 - x) - 10$; Nina: 19, Frau Bari: 46.

9 Sohn Wilhelm ist heute x Jahre, seine Mutter 4x Jahre alt.
$4x + 4 = 3(x + 4)$; Wilhelm: 8, Mutter: 32.

10 Sohn Hermann ist heute x Jahre, sein Vater 5x Jahre alt.
$5x - 3 = 8(x - 3)$; Hermann: 7, Vater: 35.

11 Sohn ist x Jahre alt, Mutter $(62 - x)$ Jahre.
$(x + 8) \cdot 2 = (62 - x) + 8$; Sohn: 18, Mutter: 44.

12 Leonhard ist heute x Jahre alt, der Vater 3x Jahre alt.
$7(x - 8) = 3x - 8$; Leonhard: 12, Vater: 36.

13 Sohn ist x Jahre alt, Vater $(70 - x)$ Jahre.
$(x - 5) \cdot 3 = (70 - x) - 5$; Sohn: 20, Vater: 50.

14 Jakob ist heute x Jahre alt. $4x[x - (42 - x)] = x$; 24.

15 Herr Weyl ist heute x Jahre alt. $[24 - (x - 24)] \cdot 6 = 24$; 44.

16 $(6 + x) \cdot 3 = 34 + x$; 14

17 Frau Rolle ist x Jahre alt. $6 + \frac{x}{4} + \frac{x}{8} + \frac{x}{2} = x$; 48.

18 $47 - x = (47 + 10) - 3x$; vor 5 Jahren.

19 $47 - x = (47 + 21) - 4x$; vor 7 Jahren.

Zu den Aufgaben des 4. Kapitels

1 $550x = 900(x - 1\frac{3}{4})$; $4\frac{1}{2}$ Stunden nach Start der Privatmaschine 2475 km von Rom entfernt.

2 Der zweite Bote braucht x Tage um den ersten einzuholen.
$9x = 4(x + 10)$; 8 Tage.

3 Sie treffen sich nach x Sekunden. $100 + 5x = 9x$; sie treffen sich nach 25 Sekunden 225 m von Kevins Standort entfernt.

4 Der Vorsprung muss x Meter betragen. $\frac{400-x}{5} = \frac{400}{9}$; der Vorsprung muss $177\frac{7}{9}$ m, also rund 178 m betragen.

5 Kevins Durchschnittsgeschwindigkeit muss x Meter pro Sekunde betragen.
$\frac{350}{5} = \frac{400}{x}$; 5,7.

6 $550x + 950x = 6750$; $4\frac{1}{2}$ Stunden nach dem Start 2475 km von Frankfurt entfernt.

7 Sie treffen sich nach x Sekunden. $3{,}5x + 1{,}5x = 300$; nach 60 Sekunden 90 m von Rominas Ausgangspunkt entfernt.

8 $950x + 2050(x - 2) = 6250$; 3,45 Stunden = 3 Stunden 27 Minuten nach Start des Jumbos 3277,5 km von New York entfernt.

9 $2\frac{1}{2}x + 3(x - 3) = 90$; 18 km/h.

10 $x \cdot \frac{3}{4} = (x - 40) \cdot 1$; 120 km.

11 $160 \cdot x + 180(x - \frac{1}{3}) = 280$; 1 Stunde nach Abfahrt des Intercityzugs 160 km von Frankfurt entfernt.

12 **a)** 33,12 s; 828 m **b)** 33,12 s; 920 m **c)** 16,56 s; 414 m.

13 Sie braucht x Sekunden. $3x - \frac{33}{15}x = 33$; 41,25.

14 Sie hat durchschnittlich x Stufen pro Sekunde geschafft. $10x = 36 + 10\frac{36}{15}$; 6.

15 800 m; der Hund läuft mit der doppelten Geschwindigkeit, legt also in der gleichen Zeit den doppelten Weg zurück.

Zu den Aufgaben des 5. Kapitels

1 Der Zinssatz beträgt x %. $5000 \cdot \frac{x}{100} = 6000 \cdot \frac{4}{100}$; 4,8 %.

2 Der Nennwert ist x €. $x \cdot \frac{7}{100} + 738 = x \cdot \frac{9{,}25}{100}$; 32 800 €.

3 Herr Kronecker will x € einzahlen. $x \cdot \frac{5{,}75}{100} + 220 = x \cdot \frac{8{,}5}{100}$; 8000 €.

4 $x \cdot \frac{7}{100} + (25\,000 - x) \cdot \frac{9{,}5}{100} = 2000$; 7%ig: 15 000 €; 9,5%ig: 10 000 €.

5 Die erste Hypothek beträgt x €, die zweite (175 000 – x) €.
$x \cdot \frac{6{,}4}{100} + (175\,000 - x) \cdot \frac{9{,}2}{100} = 12\,600$; 6,4%ig: 125 000 €; 9,2%ig: 50 000 €.

6 **a)** 5,4%ig: 112 000 €; 8,9%ig: 63 000 €;
b) 7,3%ig: 140 000 €; 9,8%ig: 35 000 €.

Zu den Aufgaben des 6. Kapitels

1 Der Grog enthält x % Alkohol. $0{,}05 \cdot \frac{54}{100} = (0{,}05 + 0{,}2) \cdot \frac{x}{100}$; 10,8%

2 $x \cdot \frac{40}{100} = 0{,}5 \cdot \frac{12}{100}$; 0,15 ℓ Rum und 0,35 ℓ Wasser.

3 $(150 + x) \cdot \frac{62{,}5}{100} = 150$; 90 ℓ.

4 Er muss x g Essigessenz und (600 – x) g Wasser mischen.
$x \cdot \frac{80}{100} = 600 \cdot \frac{5}{100}$; 37,5 g Essigessenz und 562,5 g Wasser.

5 $(150 - x) \cdot \frac{95}{100} = 150 \cdot \frac{76}{100}$; 30 ℓ.

6 Die Mischung enthält x % Fett. $200 \cdot \frac{40}{100} + 800 \cdot \frac{0{,}5}{100} = (200 + 800) \cdot \frac{x}{100}$; 8,4 %.

7 $200 \cdot \frac{60}{100} + 160 \cdot \frac{x}{100} = (200 + 160) \cdot \frac{76}{100}$; 96 %.

8 $x \cdot \frac{24}{100} + (2000 - x) \cdot \frac{12}{100} = 2000 \cdot \frac{20}{100}$; $1333\frac{1}{3}$ g 24%ige und $666\frac{2}{3}$ g 12%ige.

9 Man muss x g der 12%igen Salzlösung nehmen.
$x \cdot \frac{12}{100} + 250 \cdot \frac{5}{100} = (250 + x) \cdot \frac{8}{100}$; 187,5 g.

10 $6 \cdot \frac{8}{100} = (6 - 4) \cdot \frac{x}{100}$; 24 %.

11 $x \cdot \frac{50}{100} + (480 - x) \cdot \frac{85}{100} + 20 \cdot \frac{90}{100} = 500 \cdot \frac{75}{100}$;
50%ig: $145\frac{5}{7}$ ℓ; 85%ig: $334\frac{2}{7}$ ℓ.

12 $50 \cdot 16{,}8 + x \cdot 14{,}2 = (50 + x) \cdot 15$; 112,5 kg.

13 $x \cdot 1{,}35 + (300 - x) \cdot 1{,}29 = 300 \cdot 1{,}3$; 50 kg Haselnüsse; 250 kg Walnüsse.

14 Er hat x ℓ Normalbenzin getankt.
$x \cdot 1{,}62 + (65 - x) \cdot 1{,}67 = 106{,}30$; 45 ℓ Normal; 20 ℓ Super.

Zu den Aufgaben des 7. Kapitels

1 $\frac{x}{30} + \frac{x}{20} = 1$; 12 min.

2 Es dauert x Minuten. $\frac{x}{20} + \frac{x}{15} + \frac{x}{12} = 1$; 5 min.

3 $\frac{x}{9} + \frac{x-2}{6} = 1$; 4,8 Std. = 4 Std. 48 min.

4 $\frac{x}{12} - \frac{5}{15} = 1$; 16 min.

5 Es hat x Minuten gedauert. $\frac{20}{12} - \frac{x}{15} = 1$; 10 min.

6 $\frac{x}{108} + \frac{x-35}{120} + \frac{x-60}{135} = 1$; $69\frac{4}{9}$ Tage.

7 $\frac{14}{x} + \frac{14}{21} = 1$; 42 Tage.

8 In x Stunden wird die Zisterne gefüllt. $1 \cdot x + 4 \cdot x = 12$; 2,4 Stunden.

9 $25x + 35(x - 5) = 50 \cdot 12 \cdot 2{,}5$; $27\frac{11}{12}$ Stunden.

10 $500x + 600x + 200x + 300x + 400x = 75\,000$; 37,5 Minuten.

11 Den sechsten Ausgang können x Personen pro Minute passieren.
$(500 + 600 + 200 + 300 + 400) \cdot 30 + x \cdot 30 = 75\,000$; 500 Personen.

Zu den Aufgaben des 8. Kapitels

1 Die Basis ist x cm, ein Schenkel ist $2{,}5 \cdot x$ cm lang.
$x + 2{,}5x + 2{,}5x = 30$; 5 cm, 12,5 cm und 12,5 cm.

2 $x + x + 3 \cdot \frac{x}{2} = 35$; 15 cm, 10 cm und 10 cm.

3 Die erste Seite ist x cm lang.
$x + (x + 8) + (x + 8 - 11) = 80$; 25 cm, 33 cm und 22 cm.

4 Das Rechteck ist x cm lang. $2[x + (x - 12)] = 116$; 35 cm lang und 23 cm breit.

5 Die kleinste Seite ist x cm lang.
a) $x + (x + 2) + (x + 4) + (x + 6) + (x + 8) + (x + 10) = 189$;
26,5 cm; 28,5 cm … 36,5 cm.
b) $x + 2x + 4x + 8x + 16x + 32x = 189$; 3 cm; 6 cm; 12 cm … 96 cm.

6 Der Umfang beträgt x cm.
$\frac{x}{2} + \frac{x}{3} + 3 = x$; Umfang: 18 cm; Seiten 9 cm, 6 cm und 3 cm.

7 Ein Basiswinkel beträgt x°.
$x + x + 2x = 180$; Basiswinkel: 45°; Spitzenwinkel: 90°.

8 Der erste Winkel beträgt x°. $x + (x - 12) + (2x - 12) = 180$; 51°, 39° und 90°

9 Der eine Winkel beträgt x°.
a) $x + 2x = 180$; 60° und 120°.
b) $x + 3{,}5x = 180$; 40° und 140°.
c) $x + \frac{x}{2} = 180$; 120° und 60°.

10 Der eine Winkel ist $7 \cdot x°$, der andere $9 \cdot x°$ groß.
$7x + 9x = 180$; 78,75° und 101,25°.

11 Die Winkel sind $2 \cdot x°$, $5 \cdot x°$ und $9 \cdot x°$ groß.
$2x + 5x + 9x = 180$; 22,5°, 56,25° und 101,25°.

12 Die Rechteckseiten sind x cm und $3 \cdot x$ cm lang.
$(3x - 5)(x + 5) = 3x \cdot x + 35$; 6 cm und 18 cm.

13 Die Quadratseite ist x m lang. $(x + 2{,}7)^2 = x^2 + 69{,}39$; 11,5 m.

14 Die Quadratseite ist x m lang. $(x - 0{,}8)^2 = x^2 - 15{,}04$; 9,8 m.

15 Die kürzere Seite ist x m, die längere $(x + 15)$ m lang.
$(x + 6)(x + 15 - 9) = x(x + 15)$; 12 m und 27 m.

16 Die Dreieckseiten sind $3 \cdot x$ cm, $4 \cdot x$ cm und $5 \cdot x$ cm lang.
$3x + 4x + 5x = 45{,}6$; 11,4 cm, 15,2 cm und 19 cm.

Zu den Aufgaben des 9. Kapitels

1 Es sind x Kaninchen und $(35 - x)$ Fasane.
$4x + 2 \cdot (35 - x) = 94$; 12 Kaninchen und 23 Fasane.

2 Es sind x Einzelzimmer und $(155 - x)$ Doppelzimmer.
$x + (155 - x) \cdot 2 = 257$; 53 Einzelzimmer und 102 Doppelzimmer.

3 Nils hat x Zweier. $\frac{2 \cdot x + 3 \cdot (12 - x)}{12} = 2{,}25$; 9.

4 $x \cdot 3{,}4 + (10 - x) \cdot 9{,}8 + 3 \cdot 2{,}7 + 18 + 2 \cdot 5{,}75 = 110$;
4 Flaschen zu 3,40 DM und 6 Flaschen zu 9,80 DM.

5 Es wurden x Flaschen Orangenlimonade und $(100 - x)$ Flaschen Zitronenlimonade gekauft. $x \cdot 0{,}45 + (100 - x) \cdot 0{,}4 = 43{,}5$;
70 Flaschen Orangenlimonade und 30 Flaschen Zitronenlimonade.

6 Es wurden x Briefe und $(322 - x)$ Postkarten verschickt.
$1{,}1 \cdot x + 1 \cdot (322 - x) = 350{,}4$; 284 Briefe und 38 Karten.

7 Es waren x Frauen und $(20 - x)$ Männer.
$7x + (20 - x) \cdot 8 = 6 \cdot 24$; 16 Frauen und 4 Männer.

8 Die Kette kostet x €, der Anhänger $(x + 196)$ €.
$x + (x + 196) = 285{,}5$; Kette: 44,75 €; Anhänger: 240,75 €.

9 Es sind x Mädchen und $(36 - x)$ Buben. $\frac{5}{4}x = 36 - x$; 16 Mädchen und 20 Buben.

10 Tobias bekommt x DM, Susanne 3x DM Taschengeld.
$3x + 10 = (x + 10) \cdot 2{,}5$; Tobias 30 DM, Susanne 90 DM.

11 Es sind x Bänke und $(5x + 1)$ Schüler.
$5x + 1 = 6x - 10$; 11 Bänke und 56 Schüler.

12 Es sind x Wagen. $4x + 5 = 6(x - 1) + 5$;
Der Reiterhof verfügt über 3 Wagen und 17 Pferde.

13 Ein Schaf kostet x Drachmen.
$31x + 13(x + 6) = 166$; Schaf: 2 Drachmen; Ochse: 8 Drachmen.

14 **a)** Markus: 9, Murad: 13. **b)** Markus: 15, Murad: 19.

15 $2 \cdot (\frac{x}{2} + 1 - 8) = \frac{x}{2} - 1 + 8$; 42 Schüler.

16
a) $2 \cdot (\frac{x-1}{2} + 1 - 6) = \frac{x-1}{2} - 1 + 7$; 33 Schüler.
b) $2 \cdot (\frac{x-1}{2} + 1 - 6 + 1) = \frac{x-1}{2} - 1 + 6$; 27 Schüler.

17
a) $2 \cdot (\frac{x}{2} + 1 - 6) = \frac{x}{2} - 1 + 6 - 1$; 28 Schüler.
b) $2 \cdot (\frac{x}{2} + 1 - 6 - 1) = \frac{x}{2} - 1 + 6$; 34 Schüler.

18 x Schüler haben Note 3 geschrieben.
a) $\frac{2 \cdot 1 + 4 \cdot 2 + x \cdot 3 + 6 \cdot 4 + 3 \cdot 5 + 1 \cdot 6}{2 + 4 + x + 6 + 3 + 1} = 3{,}25$; 12 Schüler. **b)** 19 Schüler.

19
a) $2 \cdot (2x - 8) - 8 = 0$; 6 Taler.
b) $2\{2[2(2x - 8) - 8] - 8\} - 8 = 0$; 7,5 Taler.

20 $2[2(2x - 10) - 10] - 10 = 0$; 8,75 Taler.

21
a) Nach 30 Minuten.
b) $1 + 2 + 2^2 + 2^3 + \ldots 2^x = 623$; nach 90 Minuten.